应用型本科(农林类)"十二五"规划教材

园艺植物育苗原理与技术

主　审　崔群香　尹德兴

主　编　张长青

副主编　李广平　王世斌

上海交通大学出版社

内 容 提 要

本书介绍了园艺植物育苗原理和技术,包括育苗设施、育苗基质、播种育苗、嫁接育苗、扦插育苗、分株与压条育苗、组织培养育苗、苗圃建立与管理等内容。

本书可作为高等院校园艺专业的教材,也可供从事园艺植物育苗技术研究与应用的教学、科研和管理人员参考。

图书在版编目(CIP)数据

园艺植物育苗原理与技术/张长青主编. —上海:
上海交通大学出版社,2012
应用型本科(农林类)"十二五"规划教材
ISBN 978-7-313-08561-0

Ⅰ.园…　Ⅱ.张…　Ⅲ.园艺作物—育苗—
高等学校—教材　Ⅳ.S680.4

中国版本图书馆 CIP 数据核字(2012)第 136850 号

园艺植物育苗原理与技术

张长青　主编

上海交通大学出版社出版发行

(上海市番禺路 951 号　邮政编码 200030)
电话:64071208　出版人:韩建民
上海交大印务有限公司 印刷　全国新华书店经销
开本:787mm×1092mm 1/16　印张:8.75　字数:213 千字
2012 年 8 月第 1 版　2012 年 8 月第 1 次印刷
印数:1~2 030
ISBN 978-7-313-08561-0/S　定价:26.00 元

前　言

现代园艺生产中,育苗业处于产业上游,决定着生产的成败和质量。近年来,随着工厂化集约育苗技术体系的成熟和推广,大量企业和育苗基地表现出了对专业育苗人才的青睐。然而,自1998年果树、蔬菜、观赏园艺等专业合并为园艺专业以来,育苗主要作为《园艺植物栽培学》中的部分章节予以介绍,专门书籍还不多;同时,部分以都市型园艺人才为培养目标的高校,也逐步分化出了种苗工程相关培育方向,教学中也迫切需要一本系统介绍园艺植物育苗原理和技术的书籍。

本教材围绕都市型园艺(种苗工程方向)专业人才培养需求,在原《园艺植物栽培学(总论)》及相关教材的基础上,结合园艺植物工厂化育苗新技术和企业生产实际,分八章分别介绍了育苗设施、育苗基质、播种育苗、嫁接育苗、扦插育苗、分株与压条育苗、组织培养育苗、苗圃建立与管理等的原理和技术。全书总学时为24~32学时。

全书的编写分工为:张长青、刘洋清(绪论),张长青、杨春燕(第1章),李广平、郭丛丛(第2章),王世斌、章鸥(第3章),张长青、石云(第4章),王世斌、何园园(第5章),何园园、宣继萍(第6章),张长青、殷小莉、李广平(第7章),聂英燕、章鸥(第8章)。全书由张长青统稿和修改,崔群香和尹德兴审稿。宰学明是本书编写的倡议者。

本书在编写过程中,得到了金陵科技学院、南京林业大学、南京市蔬菜花卉研究所和上海交通大学出版社的支持与帮助,并得到了国家自然科学基金项目(31171273)和江苏省"青蓝工程"项目的资助,在此表示感谢。同时,因篇幅所限,部分参考文献未能一一列出,在此一并向所有参考资料的作者表示深深谢意。

全书力求做到内容充实,结合实际,图文并茂,深入浅出,注重科学性、知识性、实用性原则,但由于水平有限,加之时间紧迫,书中出现的错误和值得商榷之处,恳请各位同行、读者批评指正。

编　者
2012年6月

目　　录

0　绪论 ·· 1

　0.1　园艺植物育苗的发展历程及趋势 ······················· 1

　0.2　园艺植物育苗类型 ·· 4

1　育苗设施 ··· 7

　1.1　传统育苗设施 ·· 7

　1.2　现代育苗设施 ·· 10

2　育苗基质与营养 ·· 26

　2.1　育苗基质 ·· 26

　2.2　基质营养供应 ·· 32

3　播种育苗 ··· 37

　3.1　种子萌发原理 ·· 37

　3.2　常规播种育苗技术 ·· 40

　3.3　工厂化播种育苗技术 ······································· 45

　3.4　工厂化育苗案例：番茄穴盘育苗技术 ··············· 49

4　嫁接育苗 ··· 52

　4.1　嫁接育苗原理 ·· 52

　4.2　常规嫁接技术 ·· 54

　4.3　机械化嫁接技术 ··· 62

　4.4　嫁接育苗案例 ·· 63

5　扦插育苗 ··· 68

　5.1　扦插育苗原理 ·· 68

　5.2　常规扦插育苗技术 ·· 74

　5.3　全光照喷雾扦插 ··· 85

　　5.4　鳞片扦插育苗 …………………………………………………………… 87

6　分株育苗和压条育苗 ………………………………………………………… 91

　　6.1　分株育苗 …………………………………………………………………… 91

　　6.2　压条育苗 …………………………………………………………………… 95

7　组培育苗 ……………………………………………………………………… 99

　　7.1　组培育苗原理 ……………………………………………………………… 99

　　7.2　组培育苗技术 …………………………………………………………… 104

　　7.3　脱毒苗繁育 ……………………………………………………………… 111

　　7.4　组培育苗案例:蓝莓茎段组培育苗 …………………………………… 114

8　苗圃建立与管理 …………………………………………………………… 117

　　8.1　苗圃地的建立 …………………………………………………………… 117

　　8.2　苗圃地的管理 …………………………………………………………… 120

　　8.3　苗圃档案管理 …………………………………………………………… 121

　　8.4　苗木出圃与保存 ………………………………………………………… 125

　　8.5　苗木质量评价与控制 …………………………………………………… 130

参考文献 ……………………………………………………………………… 133

0 绪 论

苗木是园艺植物的生产基础,直接影响未来产量和品质。生产实践中,育苗是一个极其关键的环节,具体涉及对外界环境调控和苗木本身特性的利用等方面。目前,人们已从设施建造、内部配置、苗木培育等方面为园艺植物的生产用苗提供了良好的繁育技术条件,生产实践的发展也越来越倾向于专业化的集中育苗。种业工程成为了支撑园艺业进一步发展的新支点。

0.1 园艺植物育苗的发展历程及趋势

0.1.1 园艺植物育苗的发展历程

中国是世界上最早兴起园艺业的国家。早在七八千年前的新石器时代,我国的先民已有了种植蔬菜的石制农具,开始栽种葫芦、白菜、甜瓜等。从河南安阳小屯中发掘出的甲骨刻辞中,已认出的字中就有园、圃、囿,其中园是栽培果树的场所,圃是栽培蔬菜的场所,囿则是人为圈定的园林。这说明在公元前13世纪的商代,园圃已开始从大田中分化出来。西周时代,随着中原人口的增加,作物种类日趋多样化。到了春秋战国时期,出现了专门栽植果树的园和专门种植蔬菜的圃。秦汉时期,出现了一些具有相当规模的果园和菜园,而且品种开始出现。南北朝时期,出现了一些大面积的果园,栽培的蔬菜种类也从东汉时期的20多种增加到30多种。

此时,北魏贾思勰于6世纪30年代所著的《齐民要术》中载有:"五叶,雨时合泥移栽之。若旱无雨,浇水令彻泽,夜栽之,白日以席盖,勿令见日。"这一关于茄子育苗移植成活要点足以说明当时人们已经意识到育苗的作用。唐代,我国的嫁接技术开始完善,多种园艺植物开始大兴。宋元时期,扩大了种植区域。在陈敷《农书》(1149)中,则详细论述了育苗要重视根系的充分发育,移栽后才能健壮成长。北宋《本草衍义》及元代鲁明善著的《农桑衣食撮要》中已提到应用粪秽发酵提高温度,进行茄子及瓜类育苗,这可看作简单保护地温床育苗技术的开端。明清时期,我国从欧洲和美洲引进了许多新品种,逐步形成了现代栽培作物的种类。

20世纪初,一些大城市郊区出现了阳畦育苗,主要以芦苇毡、油纸等为覆盖物,后来出现了玻璃覆盖。在严寒的冬季、春季可以培育出耐寒性、喜温性作物的健壮秧苗,从而使育苗技术前进了一大步。

20 世纪 60 年代以来,随着塑料工业的兴起与发展,由于农用塑料薄膜价格便宜、使用方便,而逐渐代替了玻璃棚房,为大面积发展风障阳畦育苗提供了条件。同时,酿热温床育苗发展很快,利用马粪、作物秸秆等为发酵材料产生热量,提高苗床温度,从而极大地促进了喜温作物秧苗培育技术的发展。随着生产区酿热物日趋紧缺,有些地区建造了火热温床,通过燃烧有机物来发生烟火。烟火经火道进入烟囱,使火道将畦土加热,提高畦温,基本可以达到人工控制床温,但建造成本较高。

随着生产的发展,电热温床在 20 世纪 70 年代开始出现并推广。由于其操作方便,保温性能好,温度可控性高,大大地促进了育苗技术的发展,目前已在许多地区的蔬菜、花卉早春育苗中被广泛使用。规模较大的蔬菜生产区也常将温室或大棚中套小棚、棚室加电热线等多种设施相结合。

进入 21 世纪来,人们对园艺作物数量和品质的需求越来越高,传统育苗方式已难以应对,以无土育苗和组培育苗为代表的工厂化育苗得到了极大发展。

0.1.1.1　无土育苗的发展

无土育苗开始于 19 世纪中期德国科学家开发的水培模式。1933 年,该技术被引入商业化生产,并简单地称之为液培。同期,美国新泽西农业试验场利用砂子作基质,进行砂培玫瑰也获得了成功。二战期间,规模化的无土育苗进一步得以发展。战后,无土育苗技术被推广到了中、日、韩等使用人畜尿粪进行栽培的东方国家。无土育苗由于使用了大量塑料制品,因而一定程度上也依赖石油化工业的发展。1973 年,世界石油危机严重挫伤了无土育苗业的发展。后来,英国作物研究所开发的营养液膜技术和丹麦开发的岩棉培技术,挽救了处于危机之中的无土育苗。

由于营养液管理系统的应用,尤其是计算机自动控制技术的发展,基本实现了营养液管理的自动化;由于设施园艺的发展,使无土育苗的温、光、水、湿、气等环境保护设施不断提高;由于小型机械的研发和使用,使得无土育苗生产过程逐步实现机械化和自动化,生产规模日益扩大。近 20 年来,无土育苗技术成为植物工厂的核心。

我国从 1976 年开始发展工厂化育苗技术。1979 年确定蔬菜育苗工厂化研究为全国攻关协作项目之一,1980 年成立全国蔬菜工厂化育苗协作组。"九五"期间,全国各地相继已建立了 40 余家工厂化育苗生产线,促进了我国工厂化育苗的进一步发展。但是,相对于工厂化育苗业发达的美国、荷兰、日本、韩国来讲,推广普及速度还相对落后。集约化、产业化和规模化水平还有待进一步提高。

0.1.1.2　组培育苗的发展

1902 年,Haberlant 提出了植物器官可以不断分割,直至单个细胞的观点,并预言植物细胞在适宜条件下具有发育成完整植株的能力。大约 40 年后,Skoog 等又提出腺嘌呤与生长素的比例是控制芽和根形成的主要条件的理论。而 Steward 等也发现单个植物细胞确实能像受精卵发育成胚一样,发育成完整植株,从而证明了植物细胞的全能性学说。1952 年,Morel 等证实通过茎尖培养可获得大丽花无病毒植株。随后,人们利用各种植物材料,包括烟草原生质体、马铃薯和番茄的体细胞杂种等均获得了成功。

然而组织培养技术被应用到离体快繁和脱毒技术还是在 1960 年开始的。当时,Morel 首先在兰花上开展了离体无性繁殖方法研究,并成功地建立了"兰花工厂"。后来,在其他观赏植物和经济作物,如香蕉、马铃薯、草莓等中,规模化离体快繁也取得突破,从而产生了园艺植物脱毒苗和快繁苗。

如今,植物组织培养技术与分子生物学联姻,产生了转基因苗,极大地满足了人类对抗逆境,追求优质、高产、高效的生产需要。如今转基因的晚熟番茄、抗病毒的甜椒和番茄等已在国外推广,并取得了巨大的经济效益。然而转基因植物也可能对土壤和整个生态系统平衡等产生不利影响,因此它在国内的生产和推广还被严格控制。

0.1.2 园艺植物育苗的发展趋势

自新中国成立以来,园艺植物育苗业已随农业生产不断分工和细化,形成了一个新的独立产业。园艺植物育苗也经历了一家一户式的分散育苗和后来的地方扶持大户育苗、引进种苗公司,向分散户及出口园艺植物生产商集中供苗的历程。截至 2008 年,江苏省的育苗基地已达到 420 家,利润超过 100 万的有 4 家,育苗能力超过 1000 万株的有 109 家(占 26%),超过 5000 万株的有 75 家(占 18%)。但总的来看,种苗企业规模还偏小,育苗能力不足,技术有待提高。

未来,我国育苗业的发展趋势将集中在如下几个方面:

1) 无土育苗、组培育苗与容器育苗的比重将不断增大

无土育苗具有节水、节能、省工、省肥、减轻土壤污染、防止连作障碍、减轻土壤传播病虫害等优点,可向人们提供健康、营养、无公害、无污染食品。无土育苗的营养液可循环利用,能节省投资,保护生态环境,将成为未来的重要育苗方式。

无性繁殖的园艺作物,若利用传统的扦插、嫁接育苗方法,则繁殖系数较低,且受季节的限制。组织培养技术能通过茎尖等分生组织的培养,达到批量繁殖和脱毒的目的,这在许多园艺作物上已进入到应用推广阶段,如草莓、马铃薯、大蒜等脱毒苗的培育。通过组织培养快速育苗,在园艺植物生产上仍潜力巨大。

为了缩短育苗时期,提高育苗质量,利于机械化、自动化操作的大规模经营,近几十年来,容器育苗发展迅速。为适应不同作物类型以及同一作物所需不同大小苗木的要求,育苗容器的种类、型号日益增多,容器育苗将面临新的发展机遇。

2) 育苗环境控制将更加自动化和智能化

随着无线传感器网络技术、现代通信技术、智能控制、计算机视觉技术、空间站技术等高科技引入园艺育苗业,我国的育苗环境监控系统也正朝着自动化和智能化方向发展。

目前,荷兰、美国、法国、日本等发达国家已经研发出了计算机智能化调控装置,可准确采集室温、叶温、地温、室内湿度、土壤含水量、溶液浓度、CO_2 浓度、风向、风速、作物生育状况等参数,并将室内温、光、水、肥、气等调整到最佳状态;奥地利、丹麦、日本等发达国家也建立了植物工厂,即在全封闭设施内周年地开展园艺作物育苗的自动化调控,几乎完全地摆脱了自然条件的束缚,实现了工厂化农业的自动化和智能化。

3) 室内作业的机械化程度将进一步提高

为了提高作业者的安全性、舒适性以及生产效率,农业生产中将广泛使用多种小型、轻便、

多功能、高性能的设施耕作机械、播种育苗机械、灌溉施肥机械、自动嫁接机械等装备。目前日本开发出可行走的耕耘、施肥机器人等;美国开发出能辨别秧苗质量并进行分拣的移苗作业机器人。它们实现了利用机器人、机械手进行耕耘、播种、育苗、定植、管理、防治病虫害、灌溉、收获、包装、运输等作业环节的机械化。

4)温室育苗的标准化、系列化程度不断提高,服务体系将逐步健全

育苗业发达的国家,均有规范的苗木生产和利用标准与规范。未来,我国也将在育苗的技术标准、操作规范、产品质量、管理标准等生产环节,及苗木栽种人员培训,技术和管理等苗木利用的服务体系上不断健全,将集生产与栽种为一体,不断地推动着园艺业向更高的集约化方向发展。

5)育苗生产趋向低碳化

基于对资源短缺和环境保护的关注,我国的育苗业将朝着低碳化方向发展,包括降低未吸收的肥料排放,提高水资源利用等。

营养液的循环可实现节水、节肥,而且还可大幅度地减少营养液外排和对周边环境的污染。雨水收集利用也能解决大约75%的温室作物用水,以及在病虫害防治方面,采用生物防治和物理防治相结合的手段进行综合防治,可减少化学药剂的使用,它们均是园艺作物育苗低碳化的体现。另外,在我国四川、贵州等地发展的土块育苗,东北等地的营养钵育苗等也是节能减排的体现。我国地域辽阔,各地的自然条件和经济水平千差万别,生产规律也各不相同,进一步因地制宜地改善园艺植物育苗技术,降低资源浪费仍有很大发展空间。

目前,全国各省都在大力发展本省的主导园艺作物,一些栽培面积在50万亩以上的园艺植物的育苗基地也相应得到了重点扶持。未来,以无土育苗、组培育苗和容器育苗等为代表的工厂化育苗覆盖率仍将提高,育苗的设施配置、组织形式、投资环境、售后服务等内外环境也将进一步得到改善,规模化、标准化、专业化、自动化的育苗业将得以实现。

0.2 园艺植物育苗类型

长期的育苗实践中,人们创造了多种不同的育苗方法和形式(图0.1),并且各有特点。

按育苗设施分,育苗方法包括:阳畦育苗、酿热温床育苗、电热温床育苗、保温育苗、现代化温室育苗等。

按育苗基质,育苗方法又可分为:

(1)有土育苗:用天然土壤作为栽培基质进行育苗的方式。

(2)无土育苗:不用天然土壤,而用营养液或固体基质加营养液进行育苗的方法。根据栽培床是否使用固体的基质材料,将其分为固体基质育苗和非固体基质育苗。固体基质育苗是指作物根系生长在各种天然或人工合成的固体基质环境中,通过固体基质固定根系,并向作物供应营养和氧气的方法。根据选用的基质不同可分为不同类型,有砂砾、蛭石、珍珠岩、锯木、秸秆、泥炭、炉渣等。非固体基质育苗是指根系直接生长在营养液或含有营养成分的潮湿空气之中,它可分为水培和雾培两种类型。

按繁殖原理不同,育苗方法又分为:

(1)播种育苗:即利用园艺植物的种子培育新个体的方法。它在园艺业占有重要地位,特

别是蔬菜、花卉、果树砧木育苗等。

（2）扦插育苗：将植物营养器官的一部分插入苗床基质中，利用其再生能力获得完整新植株的方法。生产中以枝插应用最为广泛。

（3）嫁接育苗：将一种植物的枝或芽嫁接在另一种植物的茎或根上，使两者形成独立新植株的方法，包括芽接、枝接、根接三大类。

（4）组织培养育苗：通过无菌操作，把植物材料（外植体）接种在人工培养基上离体繁育苗木的方法。组织培养育苗已被广泛地应用到了脱毒苗生产和工厂化育苗中。

（5）其他育苗，包括分生育苗、压条育苗和根茎育苗等。

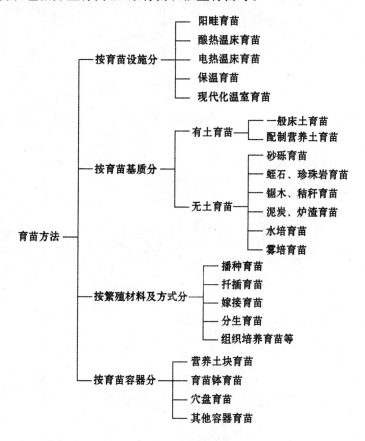

图 0.1　育苗方法分类

另外，按育苗容器分，育苗方法包括：

（1）营养块育苗：即将培养土压制成块状用于育苗。该营养块中含有作物生长所需的各类营养物质，水、气协调能力也强，但因土方较重，难以远距离运输。

（2）育苗钵育苗：利用盛装营养土的钵状容器繁育苗木。它是木本植物现代育苗中的重要方法，目前的钵体主要有塑料钵、泥炭钵、"基菲"钵、纸钵、TODD 钵等。

（3）穴盘育苗：20 世纪 70 年代发展起来的以草炭、蛭石等轻基质材料作育苗基质，采用机械化精量播种，一次成苗的现代化育苗体系。

（4）其他育苗：包括利用育苗箱、育苗袋、石棉育苗块、育苗格板、育苗板、育苗碟（吸水膨胀后成钵体）等进行育苗。

思考题

1. 我国对利用组培技术开展转基因苗木的生产有何规定？
2. 你认为园艺植物未来育苗方向是什么？

1 育苗设施

伴随着社会发展和科技进步,园艺育苗设施经历了由简单到复杂,由低级到高级的发展历程。从规模和复杂程度上,它可分为传统育苗设施和现代育苗设施。

1.1 传统育苗设施

1.1.1 简易苗床

1.1.1.1 冷床

又称为阳畦。根据其利用方式不同,冷床可分为阳畦、抢阳畦、改良式阳畦等类型。它一般由风障、栽培畦和畦面覆盖物组成(图1.1)。

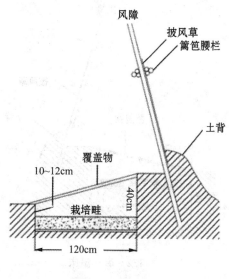

图 1.1 冷床

1) 风障

风障由篱笆、披风草和土背 3 部分组成,竖立在北墙外侧,冬季稍向南倾斜,与地面呈 70° 的夹角,春季则垂直竖立,高 2～2.5m。风障主要是依靠挡风作用来减弱风速,稳定气流,阻挡地面部因空气涡动而发生交换造成热量散失。它的优点是能充分利用太阳能,提高气温和地温,降低蒸发量和相对湿度,创造合适的小气候。

2)栽培畦

以东西向、北高南低为好。其墙面常由土筑成,后墙一般高 40 cm,前墙高 10～12 cm,东西墙依顺南北两墙的高度形成斜坡。墙体宽度常采用下宽上窄的梯形结构,墙底宽约 40 cm,墙顶宽约 20 cm,东西两墙则宽约 30 cm。畦面的长、宽大约各 120 cm。

3)覆盖物

冷床栽培畦上的覆盖物有透明的和不透明的两类。透明覆盖物以农用塑料薄膜为主,玻璃成本高、密度大,现在已很少使用。不透明覆盖物,包括草苫、蒲席、无纺布等。冷床栽培畦上的覆盖物主要起保温作用,防止或减少苗床热量以空气传导的方式散失。

1.1.1.2 温床

温床是在阳畦的基础上发展而来,结构与阳畦基本相似,主要包括风障、栽培畦和畦面覆盖物 3 部分。按照热源差异,温床可分为酿热温床和电热温床。

1)酿热温床

酿热温床是通过细菌分解酿热物时产生热量来提高苗床温度,它在建造时需要在栽培畦内先挖床坑,再填酿热物。马粪、羊粪等动物排泄物含水量少,在短时间内可以产生大量热量,有效地提高苗床温度而成为了酿热温床的主要酿热物。床坑挖造时,为保证栽培畦内的温度均匀,常将底部做成鱼脊形,即中部凸出、四周凹陷的结构,见图 1.2。

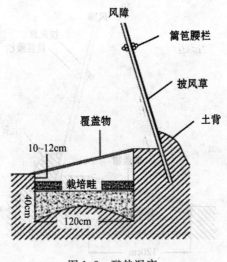

图 1.2　酿热温床

2)电热温床

电热温床是指利用电热线将电能转化成热能进行土壤加温。在规模化或现代化育苗中,是一种主要的辅助补温设施。电热线绝缘材料用聚氯乙烯或聚乙烯注塑聚成,绝缘厚度一般在 0.7～0.95 mm 之间,比普通导线厚 2～3 倍。电热线的厚度选择要充分考虑到土壤中有大量水、酸、碱、盐等电解质,还要充分考虑到散热面积、虫咬和小圆弧转弯处易损坏等问题。电热温床一般床宽 1.3～1.5 m,长度依需要而定,床底深 15～20 cm。电热线铺设时,要先在育苗床表土下 15cm 深处铺设两层隔热层,如铺 5～10 cm 厚的稻草、稻壳、锯末等隔热材料,用来阻止向下传导热量。在隔热层上撒些细沙或床土,踏实平整后铺电热线。铺线前准备小木棍,按照设计的线距,把小木棍插到苗床两头,然后从温床的一边开始,来回往返把线绕在小木棍上,线要拉紧、平直,线的两头留在苗床的同一端,作为接头,接上电源和控温仪。然后在线上覆土,厚度要考虑气温、地温、土壤水分蒸发、种子出苗和幼苗生长等因素。出苗期间,根系的分布主要在地表至 5 cm 土层之间,床土厚度一般为 5 cm。小苗阶段,根系主要分布在地表至 10 cm 土层之间,床土厚度一般为 10 cm。为保持温度均匀,布线还要注意一般温床两边散热快,温度比床中部低。因此,要适当缩小温床两边间距,增大中间的布线间距,以使温度均匀。

1.1.2　覆盖材料及简易设施

1.1.2.1　遮阳网

多以聚乙烯、聚丙烯等为原料,经编织而成的一种轻量化、高强度、耐老化、网状的新型农用覆盖材料。具有一定的遮光、降温、防暴雨、防旱保墒和驱避虫害等功能,用来替代芦苇、秸秆等传统覆盖材料,进行蔬菜、花卉和果树的育苗。

1.1.2.2　无纺布覆盖

多以聚乙烯醇、聚乙烯等为原料制成,具有透光、透气、保温、保湿等功能,用来替代传统的秸秆等覆盖防寒、防冻、防风、防虫、防旱和保温、保墒等功能,实现冬春寒冷季节保护各种越冬作物不受寒害或冻害。可直接覆盖于播种畦或栽培畦上,也可覆盖于小拱棚上,促进种子或秧苗的发育、生长。

1.1.2.3　防雨棚

防雨棚是在多雨的夏秋季节,用塑料薄膜等覆盖材料扣在大棚或小棚的顶部,四周通风不扣膜或扣防虫网防虫,使作物免受雨水直接淋洗和冲击的保护设施。主要用于夏、秋季节蔬菜和果树的避雨育苗。

1.1.2.4　防虫网

以优质聚乙烯原料经拉丝编织而成的 20～40 目(每 2.54cm 长度的孔数)等规格的网纱,具有抗拉、抗热、耐老化、耐水、耐腐蚀等优点,主要用于阻挡害虫,同时切断病毒病传播,还可以结合防雨棚、遮阳网进行夏、秋蔬菜的抗高温育苗。

1.1.2.5　小拱棚

结构简单,取材方便,成本低廉。适宜建成东西延长方向,跨度一般为 1.5～3 m,高 1.0～1.5 m,长度根据地形而定。主要以毛竹片、细竹竿、荆条等为支持骨架,也可用直径 6～8mm

的钢筋,拱杆间距 30～50cm,横向拉杆设与不设皆可,是一种传统的简易育苗设施。

1.2　现代育苗设施

现代育苗设施一般是指在可有效进行人工干预环境条件的现代化温室、大棚内,利用现代化、自动化机械设备,进行高效集约化、规模化育苗生产的设施。其结构复杂,内部配有各种相关的机械设备。

1.2.1　种子处理设备

种子处理设备是指育苗前,利用生物、化学、物理和机械的方法进行种子处理的设备。播种前经过处理的种子能提高种子的发芽率和发芽势,促进幼苗生长,减少病虫危害,从而为作物高产稳产创造条件。

种子包衣机是播种育苗中常用的一类基本设备,它可将种子与含有杀虫剂、杀菌剂、微肥和植物生长调节剂等有效成分的种衣剂充分混合搅拌,使种子表面均匀覆上一层衣膜,以提高种子的防病与存活能力,或克服某些种子不能机械播种的特性

下面以 CT2-10 型种子包衣机为例,介绍包衣机结构和工作原理。

CT2-10 型种子包衣机适用于对种子进行溶液和悬浊液包衣。它的结构见图 1.3,包括喂料舱、雾化包衣舱(舱内设有种子和药剂甩盘)、电机、搅拌室、电控箱、出料口等部分。其中喂料舱采用叶轮式喂料,种衣剂通过定量泵泵入包衣机的药剂搅拌器,为了防止出料口堵塞和药剂用尽造成的包衣不均匀,内部还设有多个传感器进行反馈控制。

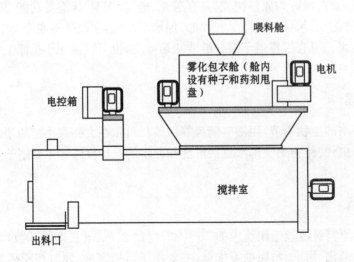

图 1.3　CT2-10 型种子包衣机

1.2.2　播种前的准备设备

1.2.2.1　基质消毒机

为防止有害病菌虫卵的传播,育苗基质一般需要经过消毒后再使用。如果是直接选用新草炭、蛭石、珍珠岩等,可以不消毒;但若掺有有机肥或不干净的基质,则需要消毒后再使用。根据工作原理不同,基质消毒有物理消毒和化学消毒两种方法。物理消毒方法包括热风消毒、微波消毒、太阳能消毒、高温蒸汽消毒等方法,其中以高温蒸汽消毒较普遍,效果较好。化学消毒法是指将液体或气体消毒药剂注入基质中达一定深度,并使之汽化和扩散,从而达到灭菌消毒的作用。药液注入方式有线状和点状注入的形式。

基质消毒机通常包括高压灭菌锅、蒸汽锅炉等。它们分别用于干热消毒和蒸汽消毒。干热消毒是利用燃料加热机内空气对基质进行消毒;蒸汽消毒由蒸汽锅炉产生的蒸汽对基质进行加热消毒。

生产上使用的蒸汽消毒机实际上就是一台小型蒸汽锅炉,根据锅炉的产汽压力及产汽量,在基质消毒车间内建造一定体积的基质消毒池,具有方便的进料口和出料口,并能封闭。池内安装带有出汽孔洞的蒸汽管与基质消毒机相通。基质消毒机带有耐高温温度计,以便观察基质内温度。

1.2.2.2　基质搅拌机

基质在装盘之前,一般要使用搅拌机重新搅拌,目的是使原基质中的各成分充分混合均匀以及防止基质结块。

1.2.2.3　育苗穴盘

因选用材质不同,穴盘可划分为聚乙烯注塑盘、聚丙烯薄板吸塑盘及聚苯乙烯发泡盘3种,穴孔的形状有圆形和方形两种,数量18~800个不等,容积7~70ml不等。

育苗中应根据育苗种类及所需苗的大小来选择不同规格的育苗盘。穴盘孔数增加,基质容量逐渐减少,幼苗密度增大。但随着穴盘孔数的减少,基质用量却会增多,设施空间的利用率下降,育苗成本增大。黄瓜、西瓜可选用50孔或72孔穴盘;番茄、茄子可选用72孔穴盘,青椒及中熟甘蓝可选用128孔穴盘,芹菜一般选用288孔和392孔的穴盘,油菜、生菜一般选用288孔的穴盘。育苗盘一般可以连续使用2~3年。

1.2.2.4　压穴器

主要是根据穴盘的规格制作而成的木钉板,用于压制播种穴。木钉有圆柱形,或顶部呈锥形,直径8mm左右,高度和数量因穴盘规格和作物种类而异,高度一般6~10mm,数量与穴盘孔数一致。可适当给压穴器制作合适的操作架,则有利于提高工作效率。

1.2.3　自动化精量播种生产线装备

自动化精量播种生产线装备由育苗穴盘摆放机、送料及基质装盘机、压穴及精播机、覆土和喷淋机等五大部分组成(图1.4)。

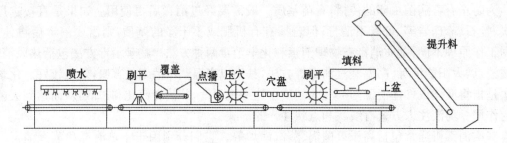

图 1.4　自动化精量播种生产线示意图

1.2.3.1　育苗穴盘摆放机

将育苗穴盘成摞装载到机器上,机械将自动按照设定好的速度将育苗穴盘一张一张地放到传送带上,传送带将穴盘送入下一步的操作区域。

1.2.3.2　送料及基质装盘机

育苗穴盘被传送到基质装盘机下,育苗基质由送料装置从下面的基质槽中运送到育苗穴盘上方的贮基箱中,由控制开关自动将基质撒下来,通过穴盘下面的传送带的振动使基质均匀地充满每个小穴,在传送过程中,设有一装置将多余的基质从穴盘上面刮去。

1.2.3.3　压穴及精播机

装满基质的育苗穴盘被送往精播机下方,中间有一装置将在每一个填满基质的小穴中间压一播种穴,以确保每粒种子均匀地播在小穴的中间,并保持一致的深度,以利覆土厚度一致,出苗整齐。压好播种穴的育苗盘被送到精播机下,精播机利用真空吸、放气原理,根据不同育苗穴盘每行穴数设计的种子吸管,把种子从种子盒中吸起,然后移到育苗穴盘上方通过减压阀自动放气,而使种子自动落进播种穴中,再由传送系统继续传送。

1.2.3.4　覆土和喷淋机

精播完种的育苗穴盘被传送到覆土机下,覆土机将贮存在基质箱中的基质,均匀地覆盖于播过种子的小穴上面,并保持一定厚度。将覆盖好基质的育苗穴盘传送到喷淋机下,喷淋机按照设计的水量,在穴盘的移动过程中把水均匀地喷淋到穴盘上。

1.2.4　催芽室

种子播种后进入催芽。催芽室是提供种子发芽需要的适宜的温度、湿度和氧气等条件,促进种子吸胀、透气、增加酶的活性,促进新陈代谢,提高发芽势率和发芽势过程的人工控制环境的小空间。催芽室多以密封性、保温隔热性能良好的材料建造,为方便不同种类、批次的种子催芽,催芽室设计为小单元的多室配置,每个单元以 $20m^2$ 为宜,一般应设置 3 套以上,催芽室中苗盘采用垂直多层码放,因而高度应在 4m 以上。

催芽室设计的主要技术指标:温度和相对湿度的调节,相对湿度 75%～95%,白天温度一般 25～30℃,夜间 20～25℃,气流均匀度 95% 以上,主要配备有加温系统、加湿系统,风机、新风回风系统、补光系统以及微电脑自动控制器等;由钻合金散流器、调节阀、送风管、加湿段、加热段、风机段、混合段、回风口、控制箱等组成。

1.2.4.1　加湿系统

催芽室一般要保持较高的湿度,以确保种子萌发过程中的水分条件。如果催芽室湿度过低,会加快穴盘中的基质水分散失,导致种子吸胀困难,影响其发芽率和发芽势,催芽室的加湿选用离心式加湿器,制热器采用不锈钢电极棒。

1.2.4.2　加温系统

种子萌发一般需要较高的温度,温度过低会降低种子发芽速度,而且影响种苗质量,生产上多采用的是不锈钢热片式管道加温器。

1.2.4.3　新风回风系统

由于催芽室相对密闭,如果不进行新鲜空气的补充和室内废气的排放,会导致催芽室内的二氧化碳浓度逐渐增加,氧气浓度逐渐下降,一些有害气体也会逐渐积累,严重影响种子萌发。新风回风系统用于调节新风、回风比率,为催芽室补充新风和排放废气,根据设计系统可调节为全新风或者内部循环风。

催芽室设计气流为垂直单向气流,通过风机使室内气体发生交换和流动,从而保证室内气流的均匀度。风机选用防潮、耐高温管道风机,安装于新风回风系统前是催芽室控制气流精度的主要设备。控制系统采用分布式系统设计,利用数字和模拟量传感器,对催芽室内的多个测量点的环境温湿度进行精确测量,同时利用计算机主机监控软件完成对测试数据与用户自设控制条件对比,使催芽室内气候环境适宜种子发芽。

1.2.5　幼苗培育室

幼苗开始生长时,必须立即放在有光照并保持一定温度、湿度条件的设施内。一般是现代温室、塑料大棚、日光温室等保护设施。保护设施通风口应加装防虫网,门口有缓冲间,并在外门和内门设两道防虫网。

1.2.5.1　现代温室

现代温室是园艺设施中的最高类型,设施内的环境条件实现计算机自动控制,基本上不受自然气候条件下灾害性天气和不良环境条件的影响,具有温度、湿度的记录反馈和自动控制能力,有自动灌溉、补光和补充二氧化碳的设施装备,能够周年全天候进行园艺作物育苗生产的大型温室。

现代温室按照屋面的特征主要分为屋脊连栋屋面玻璃温室和拱圆形连栋塑料温室两类。

1) 框架结构

(1) 基础。框架结构的组成是基础,先要打好基础,充分承受风荷载、雪载、作物吊重、构件自重等。基础由预埋件和混凝土浇注而成,玻璃温室比塑料薄膜温室复杂,必须浇注边墙和端墙的地固梁。

(2) 骨架。柱、梁或拱架都用钢管、槽钢等制成,经过热浸镀锌锈蚀处理,门窗、屋顶等为经过抗氧化处理的铝合金材料。

(3) 天沟。起到将单栋温室连接成连栋温室和收集及排放雨水的作用。要充分考虑在保证结构强度和排水顺畅的前提下,排水槽结构形状对光照的影响尽可能最小。

2) 覆盖材料

覆盖材料主要有平板玻璃、塑料板材和塑料薄膜。寒冷、光照差的地区,较常用的覆盖材料是玻璃,保温、透光,但价格高、易损坏、不便维修。塑料薄膜价格低、易安装、质地轻,但易污染、老化、透光率低。近年来开发的硬质塑料板材既坚固耐用且不易污染,是理想的覆盖材料,但价格高。

3) 配套设备

配套设备包括以下几个部分:

(1) 温室内自然通风系统。自然通风系统是温室通风换气、调节室温的主要方式,一般分为顶部通风、侧窗通风和顶侧窗等 3 种方式。侧窗通风有转动式、卷帘式和移动式 3 种类型,玻璃温室多采用转动式和移动式,薄膜温室多采用卷帘式。屋顶通风天窗设有谷肩开启、半拱开启、顶部单侧开启、顶部双侧开启等多种方式。

(2) 外遮阳系统。外遮阳系统夏季能将多余的阳光挡在室外,形成阴凉,保护作物免受强光灼伤,为作物创造适宜的生长条件。遮阳幕布可满足室内控制湿度及保持适当的热水平,使阳光漫射进入温室种植区域,保持最佳的作物生长环境。系统基本组成有控制箱及电机、齿条副、传动部分、幕线与幕布。遮阳幕布采用黑白平铺网,遮阳率70%。

(3) 内保温系统。内保温系统可从多方面改善温室的生态环境。冬季夜间,内保温系统可以有效阻止红外线外逸,减少地面辐射热流失,减少加热能源消耗,大大降低温室的运行成本。系统基本组成中的控制箱及电机、齿条副、传动部分、幕线与幕布选用与外遮阳系统中的相同。

(4) 风机-湿帘降温系统。风机-湿帘降温系统是利用水的蒸发降温原理实现降温目的。系统选用湿帘及水泵系统,轴流风机外形尺寸 $1\,400 \times 1\,400 \times 400mm$,排风量 $44\,500m^3/h$。湿帘安装在温室的北端,风机安装在温室南端。湿帘外测采用一道喷淋系统,当温室需要降温时,将室外喷淋打开,因为水的蒸发带走部分热量,透过湿帘的空气气温有所降低,增加了湿帘降温的效果。

(5) 燃煤、燃油加温系统。由于冬天气温较低,为了使冬天在温室内能正常育苗,在设施内设有加温系统,可以利用供热公司提供热能,仅铺设输热管或羽翼散热器安装在苗床下即可。也可采用大型锅炉通过燃煤烧水,循环散热供暖,散热可以用暖气片,也可以使用水暖热风机。有的育苗场所选用热风炉加温,能源可以用燃油或燃煤。跨度较大的设施内宜在苗床下安装暖风管道或散热片,必要时预开地沟,跨度小的设施内可以单侧设置暖风机或两侧设置散热片。暖风式和水暖风机式的加热系统更实用、更节能。

电热采暖方式是在温室内均匀设置若干个电加温设备,如红外线加温器等,每 667m² 配备电加热设备的总功率为 20～30kW。其发热位置要高于苗床表面 0.5m 或离苗床 1m 远。

(6)二氧化碳施肥系统。二氧化碳气源可直接使用贮气罐或贮液罐中的工业制品用二氧化碳,也可利用二氧化碳发生器将煤油或石油气等碳氢化合物通过燃烧而释放二氧化碳。如采用二氧化碳发生器可将发生器直接悬挂于钢架结构上。

(7)环流风机系统。加热设备和 CO_2 增施设备很难保证在温室各处的均匀性。在此情况下,合理地使用环流风机可以保证室内温度、相对湿度及 CO_2 的均匀分布,从而保证作物生长的一致性和品质。

(8)补光灯系统。补光灯系统主要是弥补冬季或阴雨天光照的不足,提高育苗质量。所采用的光源灯具要求有防潮设计、使用寿命长、发光效率高等特点,可以用农艺补光灯或 LED 光源等,固定于床面上方约 1.5m 处,要按每平方米 15W 以上的功率配置,悬挂的位置与植物行向垂直。

1.2.5.2 塑料大棚

通常把不用砖石结构围护,只以竹、木、水泥或钢材等杆材作为骨架,在表面覆盖塑料薄膜的大型保护地栽培设施称为塑料薄膜大棚。我国大棚主要类型有竹木结构大棚、悬梁吊柱竹木拱架大棚、拉筋吊柱大棚、无柱钢架大棚、装配式镀锌薄壁钢管大棚等。一般多采用装配式镀锌薄壁钢管大棚,南北延长方向,一般跨度为 6～8m,高 2.5～3m,长 30～50m。由棚头、拱杆、纵向拉杆、卡槽、门及卷膜机构等构成。组装时由卡槽、连接片、卡槽固定卡及锲行卡、夹箍与蝶形螺丝、拱连杆与钢丝夹、缩管与拉杆护套、U 形卡及压板连接而成。覆棚膜时形压膜卡、卡簧、压膜线等固定。最后安装卷膜机构,用形压膜卡固定塑料膜于卷膜连杆上。冬季育苗时必须采用多层覆盖并且要有加温设备,夏季育苗时,两侧的薄膜高高卷起,在通风处设防虫网。

1.2.5.3 日光温室

日光温室是我国特有的保护设施,主要类型有长后坡矮后墙日光温室、短后坡高后墙日光温室、琴弦式日光温室、钢竹混合结构日光温室、全钢架无支柱日光温室等。一般跨度 6～8m,高 3m 左右。主要由较厚的后墙、两侧墙、后屋面、前屋面和保温覆盖物组成。拱架的材料最好使用镀锌钢管或钢材焊接,以增强其抗雪压、风压和保温覆盖材料的压力,亦可减少内部立柱数量,扩大空间以便室内操作。后墙、两侧墙为空心砖墙,内填保温材料,墙总厚度为 70～80cm。前屋面大多是以塑料薄膜为采光覆盖材料,以太阳辐射为热源,利用最大限度采光、加厚的墙体和后坡,以及防寒沟、保温被、草苫等一系列的保温御寒设备以达到最小限度散热。

1.2.6 组织培养育苗设施

组织培养是在无菌条件下(超净工作台)将离体的器官、组织、细胞或原生质体移至装有培养基的试管、三角瓶、玻璃罐中,放进组织培养室中培养。

组织育苗配套设施一般由四大部分组成,即培养基制备室、无菌操作室、培养室和炼苗温室。

1.2.6.1　培养基制备室

在培养基制备室中设有清洗区,清洗区应备有各种大小和形状的毛刷,有条件的还要备有一个洗濯机,还应备有塑料桶,用以浸泡需要清洗的实验室器皿;鼓风干燥箱,用以干燥洗过的器皿;防尘橱,用以贮存干净的器皿。

配制培养基所需的一般设备包括:

(1) 工作台,其高度应适合于站着工作;

(2) 低温冰箱,用以储存贮备液等;

(3) 普通冰箱,用以贮存化学药品、植物材料和短期贮存贮备液等;

(4) 大塑料桶,用以贮存蒸馏水;

(5) 天平;

(6) 电热磁力搅拌器,用以溶解化学药品;

(7) 酸度计;

(8) 真空泵,用以辅助过滤灭菌;

(9) 恒温水浴或电炉,用以融化琼脂;

(10) 高压灭菌锅或家用压力锅,用以进行培养基灭菌。

1.2.6.2　无菌操作室

实验室都使用各种类型的超净工作台进行无菌操作,因此超净工作台是无菌操作室的主要设备。超净工作台内装有一个小电动机,它带动风扇鼓动空气先穿过一个粗过滤器,把大的尘埃滤掉,进而再穿过称作高效过滤器的细过滤器,把大于 $0.3\mu m$ 的颗粒滤掉,然后这种不带真菌和细菌的超净空气吹过台面上的整个工作区域。由高效过滤器吹出来的空气的速度是 $(27\sim29)m/min$,这个气流速度足以阻止工作区被坐在工作台前面的操作人员所污染,所有的污染物都会被这种超净气流吹跑。只要超净工作台不停地运转,台面上即可保持完全无菌的环境,而这种气流不会妨碍在台面上使用酒精灯。

1.2.6.3　培养室

培养室的温度是可控的,一般是用空调或热风机使温度保持在 $25℃$。培养一般是在散射光下进行的,但有些也需要较强的光照或完全黑暗,设备上对此应当有所准备。光源的开闭可由自动定时开关控制。暗培养一般是在特制的木橱里进行的。当培养室的相对湿度降到 50% 以下时,应采取增加湿度措施,以免培养基变干。当湿度太大时,棉塞发潮,培养物污染的机会则增加。

在培养室内设有若干培养架用来放置培养物,在每层培养架上安装刚硬的铁丝网,以便顶层的灯光能透射到下层的培养物上。培养架通常是由角钢制成的,每层分别装有日光灯管。灯管和上一层架之间要装有隔热层,以免上层培养物的底部受热。为了防止灯光造成的热气在培养架各层间聚集,在每层顶面的一端可安装一个小风扇,把风吹入架在两端之间的塑料管中,塑料管两侧隔一定距离钻上一个小孔,使空气沿塑料管的全长均匀流动。

三角瓶、玻璃罐或培养皿都可直接置于培养架上,但如果所用的容器是试管,就需要有试管架支持。试管架可用铁丝制作，每个能装 20 或 24 个试管。在试管架的一侧挂上标签，注明实验细节。

培养室内还应设有摇床进行悬浮培养，可以是平动式的，也可以是旋转式的。若有条件，设置一台备用发电机，以便在停电时使用。

瓶苗在培养室内生长时，首先确保相对湿度为 100%，其次是无菌，第三是营养与激素供应，第四是适宜的光照和温度

1.2.6.4 炼苗室

瓶苗出瓶种植后，环境发生剧烈变化，易造成移栽死亡，故需要炼苗(移苗)。该环节所发生的场所即为炼苗室。

炼苗室的类型很多，有简易的塑料小拱棚，也有现代化的玻璃温室。但关键是实现室内环境由培养环境向露地环境的逐渐转换。

1.2.7 机械化嫁接育苗设施

为了解决手工嫁接效率低、劳动强度大、嫁接苗成活率低等问题，国内出现了集机械、自动控制于一体的机械嫁接新设施。目前，它也已成为了西瓜、甜瓜、黄瓜、茄子等园艺作物提高产量，克服土传病害的基本育苗方式。

自 20 世纪 90 年代以来，我国先后研制了 2JSZ-600 型自动嫁接机、SJZ-1 型蔬菜自动嫁接机、2JC-350 型嫁接机、2JC-500 型旋转自动嫁接机、双向高速自动嫁接机和直插式蔬菜自动嫁接机等，取得了丰硕的成果。但中国嫁接机的研究起步较晚，主要还停留在原理样机上。下面以双向高速自动嫁接机和直插式蔬菜自动嫁接机为例，介绍机械化嫁接育苗设施。

1.2.7.1 双向高速自动嫁接机

双向高速自动嫁接机由中国农业大学研制，它包括砧-穗供给机构、砧-穗木搬运机构、砧-穗切削机构、送夹机构等，实现了砧-穗的搬运、切削、夹合、固定、排苗的自动化。

双向高速自动嫁接机通过程序控制电磁阀进行吸合，进而带动气缸运动，气执行机构运动，完成自动嫁接。其中，砧-穗供给机构需要操作人员将砧、穗幼苗放到供苗台上；砧-穗木搬运机构再通过机械臂将砧-穗搬运到切削位置，并由切削机构按贴接法要求完成切削，送到结合机构；然后自动送夹机构送出专用塑料夹子，夹住砧-穗切面，通过排苗机构(传送带装置)排出，从而完成整个嫁接过程。

根据龙涛等人的设计，双向高速自动嫁接机如图 1.5 所示。

1.2.7.2 直插式蔬菜自动嫁接机

直插式蔬菜自动嫁接机是一套结构简单、自动化程度较高、操作方便、成本低廉的嫁接机，它的嫁接速度可以达到 548 株/小时，且成功率在 90% 以上。

直插式蔬菜自动嫁接机包括自动嫁接装置和自动上苗装置两部分。其中，自动嫁接装置基于气动方式驱动，承担的功能包括：砧木夹持、子叶平展、砧木插孔、砧木切削、接穗夹持、接穗切削、砧木和接穗的接合等，而自动上苗装置具有将苗从穴盘中取出，并送到嫁接装置的功能。

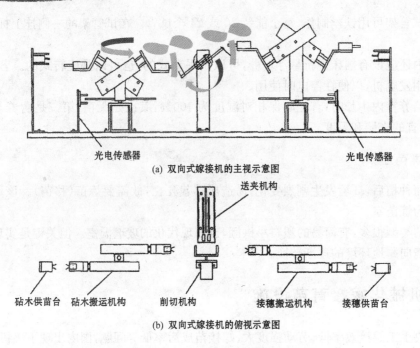

光电传感器   光电传感器

(a) 双向式嫁接机的主视示意图

送夹机构

砧木供苗台   砧木搬运机构   削切机构   接穗搬运机构   接穗供苗台

(b) 双向式嫁接机的俯视示意图

图1.5   双向高速自动嫁接机示意图

自动嫁接装置主要包括接穗模块、砧木模块和公共模块三部分。其中插针到夹砧孔的距离等于夹砧孔到夹穗孔的距离。工作时,它通过自动上苗装置分别将苗传送给夹砧孔和夹穗孔,然后通过夹砧孔和夹穗孔处的刀片分别按照断根直插嫁接法(见嫁接育苗一章)要求进行切割,随后公共模块向右移动,将插针插入砧木中心,再向左回移,将接穗与砧木插孔对齐插入。最后用人工方式将嫁接好的苗取下,嫁接机回到初始状态。

图1.6和图1.7分别为项伟灿等人设计的直插式蔬菜自动嫁接机的嫁接装置模型图和嫁接机实物图。

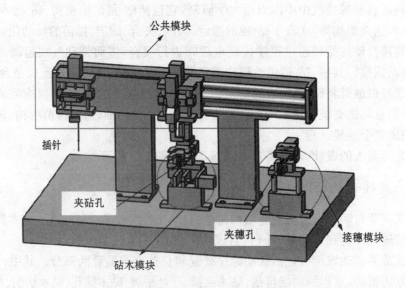

公共模块

插针

夹砧孔

夹穗孔

接穗模块

砧木模块

图1.6   直插式蔬菜自动嫁接装置模式图

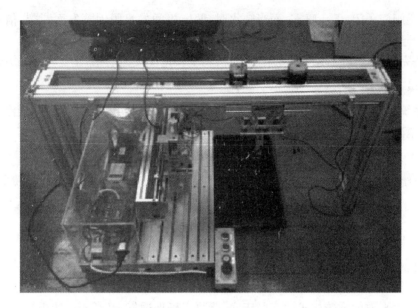

图 1.7 直插式蔬菜自动嫁接机实物图

1.2.8 弥雾扦插育苗设施

由于脱离母体的离体插穗,丧失吸收水分功能,极容易造成水分失衡,如果不及时补水分会出现叶片枯萎甚至插穗死亡。

弥雾育苗是利用弥雾设施在雾化水分条件下培育苗木的方法。弥雾扦插设施提供的雾化水分供应,可在一定时间内保证和维持插穗的正常生根,使扦插可不加遮阳在全日照下进行。浙江科技人员利用该技术,已成功地将去蝇草的一张叶片或一个芽培育成了完整的植株。在插穗或幼苗完全成活之后,停止弥雾,移栽至苗圃,在自然条件下继续培育成苗。

弥雾扦插育苗设施包括自动控制系统、插床和弥雾系统等。

1.2.8.1 自动控制系统

自动控制系统包括信号源(如定时钟或感湿器)、传导器(如导线和电子继电器)及动作器(如电磁阀)。

基本工作流程为:信号源发出信号→传导器传导信号至动作器→动作器发出指令,自动控制弥雾开启或关闭。整个过程均自动化完成。

目前的自动控制系统主要有 4 种类型:

1)定时器控制型

定时器也叫定时钟,它按照预定的停顿和喷雾时间,设计定时程序,通过控制电磁阀的启闭而达到间歇喷雾的目的。

2)电子叶控制型

电子叶是控时系统中的一个感湿元件,又称适应板或感湿器,结构类似叶形,长 7~8cm,宽 2cm。电子叶实际上是块绝缘板,两端安装有电极。正常情况下,两电极间水膜相连,接通电流,使电磁阀门关闭,停止喷雾;而当缺水时,两电极间的水膜因蒸发而断裂,信号传至电磁阀,使阀门开启,开始喷雾。

本方法完全依赖于气候及环境条件,对植物生长情况反馈敏感,是比较好的方法之一。

3) 感温系统控制型

感温系统控制型是通过一个放在插穗中间的感温器来发出开启指令的。当温度高达设定的上限时,电磁阀门开启,喷雾降温;而当达到设定的下限时,阀门关闭停止喷雾。

4) 感光系统控制型

感光系统控制型通过光电管获取光照强度信号,进而转变成电流传导给电磁阀,决定电磁阀的启闭。

1.2.8.2　插床

插床可设在温室内或露地。其结构要利于排水、通气。一般有高出地面的插床或设在地面的地床两类。插床的床高 40～50cm,宽 1.5m,长度根据需要而定。床底由数行立砖构成通气道,立砖上由平放的横砖构成插床的床底,既可以确保通气,又利于插床中过多水分的渗出。苗床上方 12～15cm 处架设喷灌管道。插床底部铺设有电热线,填充基质约 20cm 厚,常用蛭石、珍珠岩或河沙,一般以蛭石为好。

1.2.8.3　弥雾系统

弥雾系统由贮水罐、水管道、喷头、加压泵组成。贮水罐要满足一旦停水时能供应全天插床喷水之用。贮水罐内设有自动浮漂。罐内水满后会自动停止向罐内进水。水管道一般用镀锌管或塑料管,以防止水内生锈堵塞喷头,水管道可悬在插床中央,也可放在床的两侧,以充分照顾床面均匀喷雾为准。喷头采用普通离心式喷雾器喷头。水压稍低的情况下可应用加压泵来提高水压,保证单个喷头能正常工作。

弥雾扦插育苗设施使用时要求电源稳定、水压正常、水质洁净、排出条件良好。同时要求采取遮阳措施,防强光造成的灼伤插穗。插床内要保持清洁,及时清除落下的叶片和死去的插穗,防止病菌的传染。

图 1.8 为弥雾苗床的断面示意图。

部分现代化温室中,弥雾扦插育苗设施已被整合到了设施的综合调控系统中。该综合调控系统包括中央控制室、各种传感器、定时器、电脑和动作器等,它自动控制了设施内的温、光、气、热等环境。其中,计算机控制系统位于计算机内,它根据各种植物生长的各项环境指标,确定了对棚内插条各个成长阶段的精确控制系数。传感器负责把温室内的环境参数,包括水分、温度、光照、二氧化碳浓度以及基质里的营养浓度等,传输给电脑控制中枢。电脑控制中枢再按照育苗专家系统软件专家中的各项指标进行精确化控制,使植物生存在一个最适宜的温、光、气、热、营养环境中。当温度不足时,计算机控制系统会自动打开苗床底下的加热线自动加温,同时封闭温室内的内层膜,发挥加温作用;如果光照不足,它有补光系统;水分不足,它有喷灌系统;空气调控方面,设施覆盖物选用了特殊透气微膜,它能阻止二氧化碳漏出,但不阻止氧气进去。人工补光系统由植物补光灯也就是植物生长灯组成;营养系统由营养罐和电磁阀智能控制部件组成;空气加温系统由加温线组成,二氧化碳补充系统由二氧化碳发生器组成。

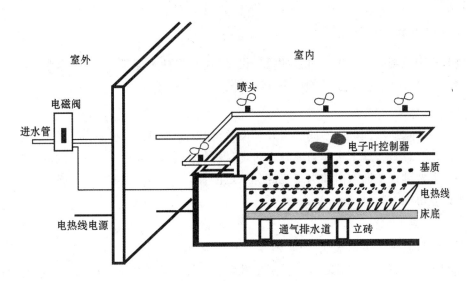

图 1.8　电子叶控制型弥雾苗床示意图

1.2.9　育苗辅助设备

1.2.9.1　苗床

为了操作方便和创造更佳的育苗环境,育苗温室配备苗床。种子经播种入穴盘,放入催芽室催芽,催芽后立即移至育苗温室的苗床上,进行绿化。在大型的连栋温室内,床架高度一般为 60~70cm,床面宽 190~200cm,长度适宜,南北方向安置。在小型的育苗场地内,架高和床宽可以按照实地情况设置,但是太低时操作不便,低于 20cm 时则床下通风困难,极可能导致秧苗根从穴底长出。苗床一般分为固定式、移动式和节能加温式 3 种。

1) 固定式苗床

固定式苗床主要由固定床架、苗床框以及承托材料等组成。床架用角铁、方钢等制作,育苗框多采用铝合金制作,承托材料可采用钢丝网。固定式苗床因位置固定,育苗作业时比较方便,但走道面积大,育苗温室利用率就相对较低,苗床面积一般只有温室总面积的 50%-65%。

2) 移动式苗床

移动式苗床的床架固定,育苗框可通过滚动杆的转动而横向移动,或将育苗框做成单个小型活动框架,在苗床床架上纵向推拉移动。与固定式苗床相比,大幅提高温室利用率,最高达 90%以上,苗床的高度通过床架的螺柱进行调节。

1.2.9.2　种苗分离机

种苗生产量非常大,不带穴盘销售的种苗生产企业应配制种苗分离机。种苗分离机不损伤种苗,能确保育苗基质完整,有利于保证种苗质量,提高工作效率。种苗分离机有横杆式和盖板式两种,横杆式种苗分离机适合株型较高的种苗脱离穴盘。

1.2.9.3　灌溉和施肥设备

灌溉和施肥系统是种苗生产过程的核心设备,通常包括水处理设备、灌水管道、贮水及供给系统、灌溉和施肥设备、灌水器如滴头、喷头等。

1) 水处理设备

根据水源的水质不同选用不同的水处理设备,如以雨水和自来水作为灌溉水,只需安装一般的过滤器;而以河水、地下水作为灌溉水时,应根据 pH 值、EC 值和杂质含量的不同,配备水处理设备。水处理设备通常由抽水泵、沉淀池、过滤器、氢氧离子交换器、反渗透水源处理器、加酸配比机等组成。

2) 贮水与供给系统

污水经收集系统进入集水池,集水池主要是均衡水量和水质,同时在其前端设置粗细格栅,拦截水中粗大的悬浮物和源浮物,保护提升泵和后续工艺的正常运行。在集水池中设置提升水泵,将污水提升进入复合生物滤池处理系统,大部分有机污染物在这里得到去除。复合生物滤池系统处理出水进入中间水池,沉淀去除复合生物滤池系统脱落的生物膜后经分配分别进入水平潜流人工湿地系统和垂直潜流人工湿地系统,进一步去除水中污染物。人工湿地系统处理出水进入清水池,供育苗生产用水和绿化浇灌。

3) 灌溉和施肥设备

种苗生产灌溉主要采用喷灌,喷灌有固定式和行走式两种形式。灌溉和施肥设备设有电子调节器及电磁阀,通过时间继电器,调整成时间程序,可以定时、定量地进行自动灌水。灌溉系统还可以进行液肥喷灌和喷施农药,并在控制盘上可测出液肥、农药配比、电导率和需要稀释的加水量。

(1) 顶部固定式微喷灌溉系统。即在苗床上部安装微喷装置进行灌溉,因灌溉均匀度不高,可调节性差等缺点而采用较少。

(2) 自走式灌溉系统。自走式灌溉系统通过行走轮式钢丝牵引使灌溉行车沿轨道经复行走进行灌溉,均匀度优于固定式灌溉系统且在行走速度、距离、施肥、浇水等方面都可实现自动控制。

自走式灌溉系统由控制部分、动力部分和浇水机构 3 部分组成。控制系统通过微电脑编程控制灌溉区域、灌溉次数和灌水量,动力部分常通过减速电机和机械带控制灌水机的行走速度,自走式灌水机的动力部分通常在中间、两旁各有一根浇水横杆,由中间延伸到两侧,横贯整个温室的一跨。浇水横梁通常为圆形或者方形不锈钢管,在其上面等距离配置浇水喷头。

4) 自动肥料配比机

通过自动肥料配比机同时对多种不同作物的种苗使用不同肥料配比的营养液进行自动选肥定时、定量灌溉,以灌溉首部接出几根独立的管道直接通向滴灌、喷灌各小区,按设定的肥料配比等目标值进行精确的比例均衡全自动化施肥,同时可以对 EC/pH 值实现精确监控,计算机根据设定的 EC/pH 值,自动调节肥料泵的肥水效果。

肥料配比机的种类很多,使用较多的是水流动力式肥料配比机,原理是因水流而产生真空吸水作用,可从原液桶内取一定量的肥料,按设计比例与水混合,以达到需要的肥料浓度。

5) 其他

此外,育苗单位还应当具备室内测量、测定、测验用的仪器和用具,如天平、培养皿、EC计、pH计、卡尺、喷雾器、温度计(干湿温度计)、照度计等。

1.2.9.4　育苗容器

育苗容器包括两类:不可回收容器和可回收容器。前者以纸、黏土、泥炭、无纺布等为原料制备的容器为主,后者以聚氯乙烯、聚苯乙烯等塑料制品为主。从形状上来看,它又分为圆锥体、圆柱体、六棱锥体、四棱锥体等。

1) 控根育苗容器

圆柱体营养杯容易造成须根数量少、主根系盘团、不利于定植后根系舒展的现象。圆锥体和棱锥体在苗木生长时间过长后同样也会出现上述现象。近年来,出现的外围多空型育苗容器较好地克服了该问题,因此也直接成为控根育苗容器。

控根育苗容器主要用于高大木本植物的苗木繁育,它由底盘、围边2个基本部件组成,其中底盘为多孔的圆形平板,能防止主根盘绕;围边是凸顶和凹底带孔相间排列的平行四边形平面(围起来构成一个圆柱面),它由于呈凹凸构造而增加围边表面积,同时由于凹凸点上均带孔而增加了通气条件,因此为侧根的生长提供了良好条件,包括改善了侧根的通气性、控制了侧根与围边接触,促进侧根增粗,"气剪"(空气修剪)抑制根尖生长等。

2) 营养钵

营养钵是一种用塑料制品制成的圆锥形杯,直径6～10cm,高10～15cm,壁厚2～3mm。杯内盛装营养土,用以培育各种木本苗木,见图1.9。

图 1.9　营养钵及其在蓝莓育苗中的应用

3) 聚乙烯薄膜袋(套)

用聚乙烯薄膜袋盛装营养土进行育苗,方法简便,效果较好,国内外都有应用。在冬季或早春育苗,具有较好的保持土壤湿度和提高土温的作用。

聚乙烯袋用厚度为0.03～0.04mm的农用薄膜制成,直径5～12cm(一般为8cm),高7～

30cm（一般为 5cm），袋壁每隔 1.5～2cm 钻直径为 0.5cm 的圆孔，便于排水、通气。育苗技术与营养杯相似，但出圃栽植时，要把袋划破或从袋中把苗取出。图 1.10 是聚乙烯薄膜袋的制作和使用情况。

(a) 薄膜套中装基质　　　　(b) 切割制作薄膜袋

(c) 薄膜袋育苗　　　　(d) 规模化薄膜袋育苗

图 1.10　聚乙烯薄膜袋的制作和使用

4）纸质营养杯

纸质容器可与苗木一起栽入土中，经微生物分解后不会阻碍根系的伸展。纸质营养杯直径 2～10cm，高 5～13cm。

纸杯以纸浆和合成纤维（维尼伦）为原料，用不溶于水的胶黏合制成无底纸筒，纸筒侧面用水溶性黏胶粘贴成蜂窝状，折叠式的纸杯可在瞬间张开装土，在灌水湿润后，又可分别取出。通过调整纸浆和合成纤维的比例，来控制纸杯的微生物分解时间。它既有硬质塑料杯的强度，又易被分解。六角形的筒状结构不仅能增大纸杯的强度，而且节约空间。

5）草炭容器

以草炭、蛭石等天然基质材料和一些食用菌渣、炭化稻壳等农业有机废弃物为主要原料，混配以保水、黏结、膨胀、营养等作用的辅助剂，经过镇压器压实，用开穴板开出播种穴而成。

该容器具有很好的肥力特征，它既可作为育苗苗床，又可作为运送容器苗的工具。图 1.11 显示了左强等公开了的容器外形和应用照片。

图 1.11　草炭容器及其应用

思考题

1. 穴盘育苗需要的设备有哪些?
2. 当前的机械化嫁接育苗设施有何优点? 哪些方面还有待改进?
3. 自行设计一种重量轻、体积小,便于园艺植物使用的育苗容器。

2　育苗基质与营养

2.1　育苗基质

　　育苗基质是植物幼苗营养摄取之地,它发挥着保持、传导水、肥、气、热介质的作用。育苗基质常由多种基质原料混合而成。

2.1.1　基质原料的分类和特性

　　育苗基质按照原料成分、质地和比重不同,可分为重型基质原料、轻型基质原料和半轻型基质原料。重型基质原料容重一般大于 $0.75 \mathrm{~g/cm^3}$,以营养土(如田土、沙河等)为主,具有质地紧密、比重较大的特点;轻型基质原料容重小于 $0.25 \mathrm{~g/cm^3}$,以有机质和其他轻质原料为主,包括稻壳、秸秆等植物残体,珍珠岩、蛭石、煤渣等矿物废料,腐熟的农家肥、食用菌下脚料等有机矿化物,具有质地疏松、比重较轻的特点;半轻型基质原料以重型基质原料和轻型基质原料的混合物为主,其质地、比重和容重介于上述两者之间。

　　按性质不同,基质原料又可分为活性基质和惰性基质两类。所谓活性基质是指具有盐基交换量或本身能供给植物养分的基质。惰性基质是指基质本身不起供应养分作用或不具有盐基交换量的基质。泥炭等含有植物可吸收利用的养分,并且具有较高的盐基交换量,属于活性基质;沙、石砾、岩棉、泡沫塑料等本身既不含养分也不具有盐基交换量,属于惰性基质。

　　基质按组合不同又可划分为单一基质和复合基质。单一基质是指使用的基质是以单独的一种基质作为植物的生长介质的,如沙培、砾培、岩棉培使用的沙、石砾和岩棉都属于单一基质。所谓的复合基质是指由两种或两种以上的单一基质按一定的比例混合制成的基质。例如,蔗渣-沙混合基质培中所使用的基质是由蔗渣和沙按一定的比例混合而成的。

　　按基质的来源又可划分为天然基质(如沙子、石砾和蛭石等)和合成基质(如岩棉、陶粒和泡沫等塑料)。

　　按照原料形态,基质原料还可分为有机基质原料和无机基质原料。

2.1.1.1　有机基质原料

　　有机基质原料因其化学组成复杂、易分解等特性,理化性质亦相对不稳定。其分解产物可增加基质养分,影响基质的营养状况。因此,调控育苗基质营养时宜予以考虑。有机基质原料具有团聚成粒作用,因此可保持基质的疏松状态、稳定混合物容重、改善育苗基质的理化性质。但该类基质常在有机质含量、分解程度、酸碱度等指标上存在差异,因此不同批量间质量不同。

1) 草炭

草炭又称泥炭、草煤等,由苔藓、苔草、芦苇等水生植物以及松、桦、赤杨、羊胡子草等陆生植物在水淹、缺氧、低温、泥沙掺入等条件下未充分分解堆积而成。它是一种有机质含量超过50%的天然有机物。另外它具有较高的持水性,持水量可达60%,还具有带菌少、容量小、缓冲性强等优点。

草炭分为低位草炭、高位草炭和中位草炭。低位草炭矿化度高、元素含量多,可直接用作肥料,但因容重较大,吸水透气性差,不宜作育苗基质;高位草炭矿化度低、养分少、容重较小、吸水透气性好、酸碱度在4~5之间,是较好的育苗基质,但使用时需注意酸碱度的调整;中位草炭介于两者之间。草炭因其孔隙度大小不同而使持水力存在差异,使用时宜掺入适量的沙、珍珠岩、蛭石等原料来调整基质整体的持水性能。

草炭为不可再生资源,过度开采会导致资源枯竭,并大面积地破坏湿地,造成生态系统不可逆转的破坏。

2) 炭化稻壳

炭化稻壳亦称砻糠,由稻壳燃烧炭化而成。

炭化稻壳容重小、孔度大、保湿性好、偏碱或强碱性。使用前需灌水清洗,以稳定pH值。另因含有少量磷、钾等元素,因此配置营养液时应予以考虑。

炭化稻壳全氮0.5%,全磷0.049%,速效钾6625.5mg/kg,代换性钙884.5mg/kg,持水量55%,由于炭化稻壳自身含有丰富的N、P、Ca等养分,可以满足幼苗需要,故适于扦插和播种,但炭化稻壳的pH偏碱性,且所含养分干扰营养液的配制,所以一般不单独作为基质使用。另外稻壳的容重为0.19 g/cm³,pH值7左右,有效性养分和可溶性盐含量高,总孔隙度占82.5%,持水力比较低。灌溉后的空气含量高,达68.7%,与泥炭等持水力高的其他基质混合,可改善基质的性能,因而与其他基质材料配合用于育苗或作土壤改良剂。

3) 锯木屑

锯木屑是木材切割后遗留下的副产品。

锯木屑容重小(约0.19 g/cm³),质轻,吸水力强,持水量大,通透性好(总孔隙度约78%),易带病虫,偏酸(pH值4~6),盐基交换量较高。一般锯木屑碳素含量高,作为基质的锯末屑颗粒不宜太细,以在使用过程中保持良好的结构,避免分解速度加快。

不同树木的锯木屑成分差异很大,作为基质以杉树锯木屑为宜,针叶树(桉树、侧柏)锯木屑有毒。未腐熟的锯木屑因碳氮之比大于25:1,直接使用会导致幼苗与微生物争夺氮素而生长不良,使用前,需补氮腐熟,或添加适量黏土、氮肥和有机肥后直接使用。

4) 平菇基质下脚料

平菇基质下脚料是指种过平菇的棉子壳等有机基质。它的理化性质好,应用时应堆制发酵,以防病菌虫卵的传播。

5) 有机肥

由作物秸秆、家畜粪尿、家禽粪尿、城市污泥等有机物腐熟而成。该类原料有机质含量丰富,营养全面,矿质元素含量低,理化性质适宜,是一种理想的育苗基质。但使用时必须和其他基质混合,同时由于可能含有病菌虫卵等,需要精细发酵、晾干和过筛。

6) 树皮

树皮的化学成分包括木质素、纤维素、半纤维素、蜡树脂、丹宁木质素、淀粉果胶、灰分等,其 C/N 比常高于 25∶1,pH 值 4～7。有些树皮含有毒物质,不能直接使用。

大多数树皮含有较多酚类物质,对植物生长有害,而且树皮的 C/N 比都较高,直接使用会引起微生物对氮素的竞争。为了克服这些问题,必须将新鲜树皮进行堆沤,堆沤时间至少应在1个月以上。另外,树皮容易造成氮素含量缺乏且含有较多的树脂、单宁、酚类等抑制物质,必须经充分堆制发酵使之降解,才能用作基质。树皮的容重 0.4～0.53 g/cm³,与草炭相近,但阳离子代换量和持水力低,C/N 比高,栽培过程中会因物质分解而使其容重增加,体积变小,结构破坏,造成通气不良,易积水。

7) 脲醛泡沫

脲醛泡沫是以尿素和甲醛为主要原料,以磷酸为固化剂,以丁基萘磺酸钠等为发泡剂,经过缩合、固化、发泡而成的人工基质原料。

脲醛泡沫容重低于 0.25 g/cm³、总孔度高于 55%、饱和吸水量可达自身重量的 10 倍以上、pH 值约为 7,富含氮、磷等营养元素,使用后能在自然土壤中分解,是垂直绿化和屋顶草坪等高效育苗生产中的重要基质。另外,脲醛泡沫也可用作缓效肥料使用。

8) 中药渣

中药渣是将中药厂废弃物中的药渣经过一系列堆积高温发酵充分腐熟后的育苗基质,具有质地良好、成本低的特点。它已在南京地区推广应用。

2.1.1.2　无机基质原料

1) 蛭石

云母片经 850℃ 以上高温焙烧、膨胀而成。容重轻、带菌少,具有良好的透气性和保水性,pH 值高于 7.6,以粒径 3～5mm 最为常用。蛭石中含全氮 0.011%、全磷 0.063%、速效钾5 016mg/kg,代换性钙 2 560.5mg/kg,配制营养液时应予以考虑。除此之外,蛭石的容重很小,能提供一定量的钾、少量的钙、镁等营养物质。但它具有较高的缓冲性和离子交换能力。

蛭石在使用时,因为太轻,浇水过猛时颗粒会被冲击飞溅,不利于秧苗的固定和抗倒伏。长期使用,易变碎而降低通气性。园艺上用它作为育苗、扦插或以一定比例配置混合栽培基质。

2) 珍珠岩

珍珠岩是火山硅酸岩经 760～1 200℃ 高温煅烧而成的膨化制品。其 pH 值大于 7.6。

珍珠岩为封闭的多孔性结构,因此,具有总孔度大、持水量高的特点,它与草炭等粒径较小的基质混合使用,可保持基质的疏松透气。用作育苗基质的珍珠岩粒径以 1.5～6mm 为宜。考虑到氧化钠的存在,一次用量不宜过大。

3) 炉渣

炉渣是煤炭充分燃烧后的残体。其资源丰富、成本低、带菌少,含有丰富的微量元素和少量的氮、磷,容重适中,利于根系生长。它的不足之处是无法带基质运输与定植,不适合长途运输。

应把充分燃烧的锅炉煤炭的炉渣进行粉碎,用筛孔 3mm 左右的筛子筛一遍,然后用 2mm 左右的筛子筛一遍,用中间直径 2～3mm 的炉渣育苗。炉渣过完筛后用水冲洗备用。用隔年炉渣要进行消毒,一般用 0.015％～0.1％高锰酸钾溶液消毒。

4) 河沙

河沙是岩石经水流冲刷、风化等形成的不规则颗粒。

河沙取材方便,本身无毒、无化学反应、无缓冲性。含量高时,基质的排水通气性好、导热快,但不便带基质运输定植。粒径以 0.1～2.0mm 为宜。

5) 岩棉

岩棉是辉绿石、石灰石、焦炭的混合物经 1500℃以上高温熔化,并经喷丝压片后,在 200℃条件下加入酚醛树脂而成。

岩棉外观白色或浅绿色,化学性质稳定,无毒,容重小,质地轻,总孔度大,吸水性强。初次使用常因含有少量碱金属和碱土金属氧化物(如 Na_2O、K_2O、MgO 等)而 pH 值高于 7.0,因此在灌水时需要加入少量的酸(常用磷酸)予以调整。目前,它在无土栽培基质中已占到了约 75％的份额。岩棉使用后降解困难,容易造成环境污染。

6) 石砾

石砾是指粒径大于 1.5mm 的非石灰质岩石碎屑。

石砾坚硬不易碎,通气排水好,容重大,保水保肥性差,无阳离子代换能力。育苗用石砾以粒径 1.6～20mm 为宜。从近年发展来看,有被轻质基质,如岩棉、陶粒等逐渐取代的趋势。

7) 陶粒

陶粒是由陶土在 800℃以上高温陶窑中煅烧制成。

陶粒外壳硬而致密,内部为蜂窝状孔隙结构,质地疏松。容重 0.5～1.0 g/cm^3,大孔隙多,排水通气好,坚硬,不易破碎,可反复使用。化学特性受原料成分影响,pH 值 4.9～9.0,有一定的盐离子代换量。

2.1.2　育苗基质的配制和调控

2.1.2.1　常见基质配方

配制育苗基质,一方面需要考虑基质的适用性,而另一方面需要考虑基质原料的经济性。

从适用性来讲,育苗基质应具备有机质丰富、质地疏松、保肥保水性强、酸碱度适宜、不危害人、苗、环境健康、具有良好缓冲性能和化学稳定性的理化特征。研究表明,育苗基质的适宜水气指标为:容重 0.9 g/cm^3 以下、总孔度 65％以上、通气孔隙大于 15％、水气之比为 1∶2～1∶4。目前,单一基质原料很难直接满足种子萌发和幼苗培育期的营养和环境要求,生产上常需将 2～3 种基质原料混合,形成复合基质加以应对。表 2.1 列举了常见复合基质的配方和应用。

表 2.1   常见复合基质配方和应用

原料配比	适用对象	原料配比	适用对象
草炭：蛭石＝5：5	茄子	棉籽壳：糠醛渣：蛭石：猪粪＝4：2：2：2	西芹
椰壳粉：蛭石＝5：5	黄瓜	棉籽壳：炉渣：蛭石＝6：2：2	西芹
蛭石：珍珠岩＝5：5	番茄	菌渣：污泥：炉渣＝1：1：1	番茄
平菇废料：泥炭：蛭石＝1：1：1	冬春季蔬菜育苗	炉渣：砻糠：腐熟有机肥＝1：1：1	番茄
菌渣：污泥：珍珠岩＝1：1：1	番茄	泥炭：醋糟：蛭石＝1：1：1	番茄
泥炭：砖粒：砻糠灰＝3：1：1	草莓	泥炭：砻糠灰＝1：1	草莓

2.1.2.2   基质原料的调配原则

为降低基质容重,可适当增加轻型基质的比例或降低重型基质的比例。相反,若为增加容重,则宜增加重型基质的比例或降低轻型基质的比例。育苗基质容重过小,基质疏松,通气性好,但持水性差,黏结性缺乏,浇水时易漂浮飞溅,不易固定根系;而容重过大,则过于紧实,通气透水性差,持水困难而保水能力又强,不利出苗和管理,增加商品苗的运输难度。

育苗基质的总空隙度与基质的粒径大小有关。为增加总孔度,可提高大粒径基质的比例或降低小粒径基质的比例;而相反,若为降低总孔度,可考虑降低大粒径基质的比例和增加小粒径基质的比例。育苗基质总孔度大,则基质疏松,通透性好,养分分解快,利于根系生长,但固定和支持作用差;而总孔度小则基质紧实,通透性差,养分分解慢,不利于根系生长发育。适宜的孔度指标为总孔度不低于 65%,通气孔隙大于 15%。为满足这一指标,一般控制 0.05～2.5mm 粒径的基质占总体积的 60% 左右。

基质的保水性取决于基质原料的亲水性。通常,泥炭、草炭等有机基质属于疏水原料,而蛭石、沙、珍珠岩等无机基质属于亲水原料。为增加育苗基质的保水性,可适当增加亲水原料和疏水原料之比,但最高不超过 1：1;相反,为降低育苗基质的保水性,可降低亲水原料和疏水原料的比例。生产中,两者适宜的比例为 1：2,即一份亲水原料中可添加两份的疏水原料。

基质酸碱性一方面影响着植物的生长,另一方面也影响着基质养分的形态和释放。不同作物对基质酸碱度的要求不同。根据作物特性调配适宜的酸碱基质是确保植物育苗成功的前提。而基质酸碱度的差异,也影响了养分的形态和释放,尤其是微量元素。如铜、铁、锌、锰在 pH 值为 5.0～6.0 时有效性最高,而幼苗在 pH 值 7.0 以上时易出现缺铁症状,在 pH 值 8.0 以上时易出现缺锰、磷症状。因此,在植物苗木正常生长的前提下,适当调整基质的酸碱度,对养分的释放,尤其是微量元素的释放,十分有益。

阳离子交换量决定着基质的保肥性和缓冲性。阳离子交换量大,基质的酸碱缓冲性强,保肥性高,反之则小。通常情况下,基质的阳离子交换量宜控制在每千克基质 10～20mmol 为宜。草炭、木屑、堆肥等有机基质属于阳离子交换量大的基质,而蛭石、岩棉、砂等无机基质为阳离子交换量弱的基质。实际应用中,可根据需要进行调配。

基质中可溶性盐含量对育苗影响也很大。一般要求基质中的可溶性盐含量不宜超过 0.1%,否则会干扰营养液的配制,甚至对幼苗直接产生毒害。

基质的 C/N 比(碳氮比)若大于 25∶1,则会导致幼苗与微生物争氮,从而影响幼苗生长。因此,有机基质使用前,需补氮或腐熟后再用。

2.1.2.3 基质配制的注意事项

在产业化育苗条件下,为保证育苗技术的相对稳定和苗木质量的相对恒定,育苗基质注意不宜经常更换。

基质原料在应用前,应予以过筛,以除去石块等杂物;予以冲洗,以除去泥土盐分;予以粉碎,以创造合适粒径。配制好的基质还应注意 pH 值调节。

从经济性来考虑,育苗基质应具备取材方便、价格低廉、清除方便的特点。实践证明,岩棉、草炭均是较好的基质,但岩棉使用后降解困难,容易造成环境污染,而草炭为不可再生资源,过度开采会大面积破坏湿地,造成生态系统不可逆转的破坏。

茄果类蔬菜、瓜类蔬菜、十字花科蔬菜复合基质配制时可采用下述方案:用未种过该类蔬菜的田园土和腐熟过筛有机肥按 6∶4、7∶3、8∶2 的体积比混匀,每立方米加粉碎 45% 三元复合肥 1.0kg,50% 多菌灵 100g,盖膜闷土 3～5 天待用。

2.1.3 育苗基质的消毒

实践表明,维持基质温度在 80～100℃ 条件下 30 分钟,可杀死线虫、致病真菌、细菌、昆虫和大多数的杂草种子。因此利用太阳能和水蒸气可进行基质消毒。太阳能消毒是指在高温季节,将基质堆成 20～30cm 高,调节使其含水量达 80% 后,用塑料薄膜密封覆盖,暴晒 1～2 周的消毒方式。该方法安全、廉价、简单、实用。蒸气消毒是指将基质装入密闭箱(柜)中,持续通入 80℃ 以上水蒸气 15～30 分钟的消毒方式。该方法简便易行、经济实用、效果好、安全可靠,但相对繁琐,成本较高,一次消毒的基质量少。

另外,生产上还存在药物消毒:①甲醛消毒,将 40% 甲醛均匀喷洒在基质表面,用薄膜密封覆盖 24 小时后,敞开风干 2 周。该方法杀菌良好,杀虫较差;②漂白粉消毒,利用含次氯酸钠或次氯酸钙 0.3%～1% 的漂白粉溶液浸泡基质 30 分钟以上,然后用清水冲洗。本方法适于沙子、石砾、设置等消毒,不宜于强吸附力或难清洗基质;③高锰酸钾消毒,用 0.02% 高锰酸钾溶液浸泡基质 10～30 分钟,然后用清水冲洗。适用范围与漂白粉相似;④农药消毒,将多菌灵、甲基托布津、辛硫磷、代森锌等农药喷淋在基质表面,结合太阳能消毒进行。药物消毒方法安全性较差,且污染环境,部分烈性药品已在一些地区禁止使用。

对于农林废弃物的消毒,主要有发酵和半炭化处理。

传统发酵法是将秸秆、落叶等农林废弃物进行堆沤,充分完成其腐熟的过程。该方法充分利用了光热资源,简便易行。但占地面积较大,发酵时间长。近年来,已逐渐出现了利用发酵塔(罐或窑)来快速发酵农林废弃物的方法,它可以控制发酵过程中的温度、养分和湿度,并具有机械搅拌的功能,基本实现了轻型基质的规模化和集约化生产。

农林废弃物的半炭化处理是将基质进行焖烧的一种消毒方式。它将基质堆入土坑内点燃,进而再用基质掩埋和细土覆盖,使基质焖烧,达到颜色褐化为度。该方法对基质粒径大小要求严格,处理时宜予以注意。目前,我国已开发出了炭化炉,它可以自动控温、控养,机械化搅拌,具有炭化速度快、规模大、集约化程度高等优点,实现了轻型基质的工厂化生产要求。

发酵和半炭化处理的农林废弃物含病菌虫卵少,但半炭化基质含有钾、钙等元素,pH 值偏碱(部分在 9.0 以上),使用时注意进行清水冲洗处理。

生产上,茄果类工厂化育苗基质采用消毒机高温杀菌消毒:温度控制在 80℃,杀菌时间控制在 10 分钟。也采用药剂杀菌:每立方米基质加多菌灵 200g,混合均匀后密封 5~7 天。

2.1.4 育苗基质的重复利用

育苗基质在一般情况下可以重复利用 2~3 年,但在较好管理条件下,可达 3~5 年。但每次使用后,都会因环境、作物、人为等因素影响,发生部分理化性质的改变,因此要予以调整,满足下次育苗需要。

2.1.5 基质生产的标准化

国外,为保证基质的标准化,从泥炭的开采开始,就制定了严格标准。一些欧洲国家还利用了有机固体废弃物资源和工业废弃物进行基质的开发和生产,在近 20 年来逐年扩大,并实现了规范化和标准化。其基质的生产工厂不仅建设先进完整,而且规模投资大。目前,一些发达国家已经针对不同植物的类别配置出了不同的专用基质。例如,在基质的配置过程中以基质基本上不含有病菌、虫卵、不含有或尽量少含有有害物质为标准,另外,还要求基质要具有与土壤相似的功能,具有良好的保水、保肥能力为基本标准,生产出优质标准化基质。

而我国在椰类、稻壳、菇渣、芦苇秆等一些农作物的有机废弃物处理上也做了一些研究和尝试。研究发现:椰渣、稻壳作为基质的利用在南方已获得成功。这对于基质的生产和推广起到了一定的示范作用。

尽管我国在以上几方面取得了一定的成果,但是目前对这种行业还存在着缺少专业化基质工厂,缺少专业化的基质品种、基质材料选择无标准,重视基质的化学性状而忽略了物理性状等问题。另外,基质标准化程度低,营销手段落后,没有一个标准的研究体系和统一的基质生产标准。为了适应标准化、规模化的工厂化生产需要,需要制定作物栽培基质的标准参数,按照标准参数要求生产形成标准化成型技术是解决我国当前基质生产缺少标准化的关键问题所在。

2.2 基质营养供应

作为育苗基质,除应具有良好的水、气、热性质外,还应具备良好的营养条件。

2.2.1 种苗的营养特性

种苗的生长发育过程大致可分为萌芽—生根、幼苗培育两个时期。

1) 萌芽-生根期

萌芽-生根期是从苗材繁育开始至功能性叶、根的出现。此时期主要依赖苗材的贮藏营养,为自养阶段。该期的长短取决于温度的高低。晴朗高温,持续的时间短;阴雨低温,持续时间长。

实践中,若土温和气温不协调,则容易出现假活或种苗质量下降等现象。"头凉脚热"是温度协调的形象描述。另外,适当降低凌晨气温,也有利于抑制幼苗的呼吸作用,节约能量,提高质量。

2) 幼苗培育期

幼苗培育期是从功能性叶、根的出现到种苗出圃。此期主要依赖叶片当年的制造营养和根系的吸收营养,属于异养阶段。此期的长短取决于种苗的生长速度和出圃标准。生长快、规格小,则此期短;反之,则长。

种苗由自养阶段向异养阶段转换的时期是其营养临界期。该期对营养的需求不多,但却十分敏感。如果缺乏,种苗的生长将会受到极大限制。小老苗现象即与此有关。而幼苗培育期则是其营养的最大效率期。该期是幼苗地上部和地下部大量生长的时期,需肥量大。如果缺乏,种苗的生长少,发育也受阻。瓜果类蔬菜由于早期的花芽多在此阶段形成,因此对养分的要求更高,管理不当,极易出现畸形花、果,从而影响产量和品质。

2.2.2　种苗的营养管理

根据种苗的生长发育规律和其需肥特性,合理施肥、调控基质营养状况是培育壮苗的关键。

植物必需的 16 种元素为:碳、氢、氧、氮、磷、钾、钙、镁、硫、铁、锰、锌、铜、钼、硼和氯。其中,碳、氢、氧主要来自于空气,由叶片获取;其他元素则主要来源于基质,由根系获取;氮、磷、钾为大量营养元素,钙、镁、硫为中量营养元素,铁、锰、锌、铜、钼、硼、氯为微量元素。

构成育苗基质的原料中若营养元素含量低,则需要用优质的有机肥、化肥或化学试剂来填充,但若含量太高,一般总浓度超过 0.4% 时,可能会引起盐害。通常,育苗基质的速效氮含量要求在 100mg/kg 左右,速效磷含量 150mg/kg 左右。而动植物残体构成的腐熟有机肥中,钾素含量一般较高,约在 50 000mg/kg 以上,因此当有机肥含量超过 5% 时,一般不需要专门添加。植物对微量元素的吸收量很少,灌溉水或基质中的含量已基本够用,所以通常不需要专门添加。但若使用的是蒸馏水或矿质元素含量极少的其他水,则需要酌情增加。从植物来看,如果植株生长量大、时间长则应加大肥料用量;相反,宜减少用量。另外,作为育苗基质,不能含有害物质。

常用的有机肥源有猪粪、鸡粪、饼肥、堆肥、沤肥、沼气肥和废弃物肥料等。无机肥源有氮肥、磷肥、钾肥、复合肥和微量元素化肥等。绝大多数的化学肥料都属于无机肥料。

为满足种苗培育过程中的营养需求,在基质配制期和幼苗培育期均需结合植物特性,添加优质的有机肥或化肥。

有机肥是指天然有机质经微生物分解或发酵而成的一类肥料。其特点有:来源广泛,数量繁多,养分全,含量低;肥效迟而长,需经过微生物分解转化后才能为植物所吸收;它不仅能够促进作物的增产和增收,还能够防止土壤板结和酸化,改善土壤的理化性质,增强土壤透气性,提高土壤肥力。

2.2.2.1　常用的有机肥料

目前,有机肥源在现代园艺作物生产中应用越来越广泛,常用的有机物肥源有:

1) 动物粪便

动物粪便是动物的排泄物,资源丰富,养分齐全、含量高、肥效好,是基质育苗有机肥料的良好来源,其中鸡粪养分最高,是基质育苗中常用的优质固体有机肥料。

2) 饼肥

饼肥主要是一些榨油后剩余的大豆饼、棉籽饼等,它们除了作牲畜的饲料和工业原料外,还可以作优质的有机肥,经过发酵后可加工成无土栽培的有机肥料。一般含有丰富的蛋白质、糖类、氮、磷、钾和多种微量和中量元素,具有肥效高、养分齐全、对土壤理化性质影响小等优点。但是价格比一般有机肥的价格高,它不仅可以单独使用还可以与其他有机肥混合使用。

3) 堆肥

堆肥主要由作物茎秆、绿肥、杂草等植物性物质与泥土、人粪尿、垃圾等混合堆置,经好气微生物分解而形成的肥料。多作基肥,施用量大,具有提供作物生长所需的营养元素和改良土壤理化性质的作用,尤其对改良砂土、黏土和盐渍土有较好效果。

4) 沤肥

沤肥主要由作物茎秆、绿肥、杂草等植物性物质与河、塘泥及人粪尿同置于积水坑中,经微生物嫌气发酵而形成的肥料。一般作基肥施入基质,可为植物生长过程中提供所需要的营养元素,从而满足植物对养分的需求。

5) 沼气肥

沼气肥是由作物秸秆、青草和人粪尿等在沼气池中经微生物发酵制取沼气后的残留物。富含有机质和必需的营养元素,但是,值得注意的是,沼气肥出池后应堆放数日后再用,以防止废弃物没有充分的腐熟,其含有的植物病残体、虫卵、杂草种子等施入土壤,影响后期植物的生长。

6) 废弃物肥料

废弃物肥料主要以废弃物和生物有机残体为主的肥料,有生活垃圾、生活污水、屠宰场废弃物、海肥(沿海地区动物、植物性或矿物性物质构成的地方性肥料)4 个种类,含有丰富的营养元素和有机质,为植物生长提供营养。

2.2.2.2　无机肥料

无机肥料又称为化学肥料。这类肥料具有所含营养成分比较单一,大多数是一种化肥且仅含有一两种肥分等特点。施入水中分解速度快,同时见效快,因此又被称为"速效肥料",它主要包括氮肥、磷肥、钾肥等。

1) 氮肥

目前,常见的氮肥有:

(1) 硫酸铵,简称硫铵,含氮量 20%～22%,通常被用来作为氮肥的标准肥。纯净的硫酸铵为白色结晶,物理性质较好,在自然状态下很少吸潮,也不结块,便于贮藏和使用,常温下,化学性质比较稳定,不易分解。肥沃土壤对硫酸铵的缓冲性高,肥料所产生的酸不会影响土壤的性质,并且硫酸铵既可作基肥还可以作为种肥和追肥使用。氮肥是植物生长所需要的三大主要元素之一,它是现在园艺规模化生产所不可缺少的肥源之一。

(2)碳酸氢铵。碳酸氢铵为白色或淡灰色颗粒结晶,含氮量为16%~18%。易溶于水,但溶解度不高,水溶液为碱性。干燥的碳酸氢铵在20℃以下化学性质比较稳定,受温度和湿度的影响,施入土壤后铵离子被土壤胶体吸附,碳酸根离子一部分供给植物氮素营养,一部分转化为CO_2释放到空气中,并且在土壤中无残留。它可以作为基肥和追肥使用,但是不适宜作为种肥使用。更值得注意的是,当作为追肥使用的时候在穴施或沟施后最好应立即覆盖薄土以防止挥发速度快,从而影响植物对养分的需求,当作为基肥使用时,最好边撒边耕翻,然后耙平,这样有利于肥分能够充分地被植物吸收,从而达到预期的效果。

(3)尿素。通常情况下尿素为白色晶体,无臭无味。纯晶体为白色针状或棒状,含氮量为45%~46%。易溶于水,水溶液呈中性。一般尿素施入土壤中均以分子的形式存在,其中一部分以分子的形式进入植物体内被植物吸收利用,大部分在土壤中进行氨化作用转化为碳酸铵。在有机质丰富,水分充足,温度适宜的条件下尿素的转化速度很快。另外,尿素可作基肥使用,但是最适宜作追肥使用,一般情况下作为种肥。由于尿素的含氮量高,因此施用量与其他氮肥比较相对较少,同时在施用的时候应注意施均匀以便被植物充分的吸收所需要的养分。

(4)氯化铵。氯化铵含氮量为24%~25%,通常情况下为白色晶体,无臭,易溶于水,在乙醇中微溶,是生理酸性肥料。吸湿性小,但在潮湿的阴雨天气也能吸潮结块,粉状氯化铵更容易吸潮,吸湿点在75%左右。当作为化肥使用时,属于氮肥,但氨态化肥不能与碱性化肥一起施用,最好也不要在盐碱地施用,以免降低肥效。

(5)长效氮肥。目前使用的化学肥料主要是速效肥,由于植物不能在短时间内对其全部吸收和利用,导致大量氮素的损失,用量过多时容易造成烧苗现象,而长效氮肥却能够弥补这一缺点。长效氮肥通常以脲甲醛、脲乙醛、脲异丁醛、包膜氮肥这4种肥料种类在现在的园艺生产中广为使用。

2)磷肥

常见的磷肥有水溶性磷肥、弱酸溶性磷肥和难溶性磷肥3种形式。

(1)水溶性磷肥。包括过磷酸钙、重过磷酸钙、磷酸一铵、磷酸二铵和磷酸二氢钾。

① 过磷酸钙。又称为过磷石灰,有酸味,腐蚀性强,为灰白色粉末或颗粒。有效磷含量为12%~25%,适用于各种土壤和作物。由于含有大量的石膏,在盐碱地有良好的改良土壤的作用,既可作为基肥也可以作为种肥和追肥使用,同时还可以配成水溶液作根外追肥使用。

② 重过磷酸钙。含有效磷40%~50%,性质比普通过磷酸钙稳定,易溶于水,水溶液呈弱酸性,其产品通常情况下呈颗粒状,物理性能好,便于储藏。

(2)弱酸溶性磷肥。主要有钙镁磷肥、钢渣磷肥和偏磷酸钙3种形式。

① 钙镁磷肥。含磷量为14%~20%,微碱性,灰绿状粉末,不溶于水,然而肥效缓慢,腐蚀性较弱,适宜作基肥和种肥,不适宜作追肥使用。适用于酸性或微酸性土壤,并且它能够用来补充土壤中的钙和镁元素的不足,为作物提供养分充足的环境条件。

② 钢渣磷肥。含磷量为8%~14%,褐色粉末,碱性,难溶于水。

③ 偏磷酸钙。含磷量为 62%～64%，灰白色粉末，碱性，难溶于水。

（3）难溶性磷肥　含磷量为 10%～20%，灰色粉末，不溶于水，少部分溶于弱酸。可作为基肥和追肥使用。

3）钾肥

常用的钾肥有氯化钾、硫酸钾。

（1）氯化钾。氯化钾为白色晶体，含钾量为 50%～60%。易溶于水，是化学中性、生理酸性肥料。一般情况下作为基肥使用。

（2）硫酸钾。硫酸钾为白色晶体，含氧化钾 48%～52%。易溶于水，属化学中性、生理酸性肥料。可作为基肥和追肥使用，由于钾离子在土壤里流动性较差，因此最好作为基肥使用。

2.2.2.3　复合肥料

复合肥料是指在成分中同时含有氮、磷、钾三元素或只含其中任何两种元素的化学肥料。它具有养分含量高，副成分少，养分释放均匀，肥效稳而长，便于贮存和施用等优点。

常用的复合肥料有硝酸钾、磷酸二氢钾、硝酸磷肥、磷酸一铵等。

（1）硝酸钾。硝酸钾为白色晶体，易溶于水，高温易爆炸，中性，含氮量为 13%、氯化钾 45%～46%。可作基肥、种肥和追肥使用。

（2）磷酸二氢钾。磷酸二氢钾为白色或灰白色粉末，吸湿性小，易溶于水，呈酸性。含氯化钾 30%～34%，主要用于浸种和叶面追肥使用。

（3）硝酸磷肥。硝酸磷肥是由几种化合物的混合物组成，主要成分是磷酸一铵、磷酸二钙和硝酸铵。一般含氮 20%、磷 20% 左右，可作基肥和追肥使用。

（4）磷酸一铵。磷酸一铵为淡黄色颗粒物，易溶于水，易吸潮，弱酸性，含氮 10%～14%，磷 40%～52%，可作基肥和追肥使用。

由于有机肥具有肥效好，所含的营养物质丰富，对作物和土壤的副作用小等优点，因此在园艺生产中应用越来越广泛，使用时最好与化肥混合搭配使用，有利于保证作物幼苗营养供应，为作物生产的顺利开展打下良好的基础。

思考题

1. 具有调节酸碱度特性的基质原料有哪些？能用于增加基质密度的原料有哪些？
2. 结合种苗的营养特性，谈谈种苗的营养管理。

3　播　种　育　苗

　　播种苗繁育即种子繁殖或有性繁殖,是利用胚珠受精形成的种子来繁殖后代,一般植物繁殖多用此法,优点是繁殖数量大、主根发达、生长健壮,缺点是后代容易发生变异、不易保持原品种的优良特征。

3.1　种子萌发原理

3.1.1　种子萌发

　　种子萌发是指种子从吸胀开始的一系列有序的生理过程和形态发生过程。
　　种子的萌发需要适宜的温度、水分、空气和光照。种子萌发时,首先是吸水,它使种皮膨胀、软化,从而允许氧气进入和二氧化碳排出,诱发了各种内部物理状态的变化;其次是氧气,它通过参与种子的呼吸作用,保证了种子在萌发过程中所需能量和生命活动的正常进行;三是温度,种子内部营养物质的分解和其他一系列生理活动,都需要在适宜的温度下进行;最后是光照,它在种子萌发长成幼苗阶段发挥作用。
　　在适宜的环境条件下,发育成熟的种子开始萌发。首先,胚根突破种皮,向下生长,形成主根。而与此同时,胚轴的细胞也相应生长和伸长,把胚芽或胚芽连同子叶一起推出土面。胚芽伸出土面,形成茎和叶。子叶随胚芽一起伸出土面,展开后转为绿色,进行光合作用。待胚芽的幼叶张开行使光合作用后,子叶开始枯萎脱落。至此,一株能独立生活的幼小植物体也就全部长成,这就是幼苗。
　　常见的幼苗主要有两种类型,即子叶出土幼苗和子叶留土幼苗。
　　种子从吸胀开始的一系列有序的生理过程和形态发生过程,大致可分5个阶段:

3.1.1.1　吸胀

　　吸胀为物理过程。种子浸于水中或落到潮湿的土壤中,其内的亲水性物质便吸引水分子,使种子体积迅速增大,有时可增大1倍以上。吸胀开始时吸水较快,以后逐渐减慢。吸胀的结果使种皮变软或破裂,种皮对气体等的通透性增加,萌发开始。

3.1.1.2　水合与酶的活化

　　这个阶段吸胀基本结束,种子细胞的细胞壁和原生质发生水合,原生质从凝胶状态转变为溶胶状态。各种酶开始活化,呼吸和代谢作用急剧增强。如大麦种子吸胀后,胚首先释放赤霉素并转移至糊粉层,在此诱导水解酶(α-淀粉酶、蛋白酶等)的合成。水解酶将胚乳中贮存的淀粉、蛋白质水解成可溶性物质(麦芽糖、葡萄糖、氨基酸等),并陆续转运到胚轴供胚生长的需要,由此而启动了一系列复杂的幼苗形态发生过程。

3.1.1.3　细胞分裂和增大

这时吸水量又迅速增加,胚开始生长,种子内贮存的营养物质开始大量消耗。

3.1.1.4　胚突破种皮

胚生长后体积增大,突破种皮而外露。大多数种子先出胚根,接着长出胚芽。

3.1.1.5　长成幼苗

以后长出根、茎、叶,形成幼苗。有的种子的下胚轴不伸长,子叶留在土中,只有上胚轴和胚芽长出土面生成幼苗,这类幼苗称为子叶留土幼苗,如豌豆、蚕豆等。有些植物如棉花、油菜、瓜类、菜豆等的种子萌发时下胚轴伸长,把子叶顶出土面,形成子叶出土幼苗。

3.1.2　影响种子发芽的因素

种子的萌发,要求本身具有健全的发芽力和解除休眠以外,也需要一定的外界环境条件,主要是充足的水分、适宜的温度、足够的氧气和充足的光照,即内因和外因。

3.1.2.1　内因

1) 有完整且生活力旺盛的胚

被昆虫咬坏的种子都不能萌发;同时,离开母体后的种子在超过一定时间将丧失生命力,它也不能萌发。

不同种子其寿命长短不同,如:梭梭树(藜科)的种子是寿命最短的种子,它仅能活几小时,白菜能活5~6年。

2) 有足够的营养储备

正常种子在子叶或胚乳中储存有足够供种子萌发所需的营养物质,干瘪的种子往往因缺乏充足的营养而不能萌发。

3) 不处于休眠状态

多数种子形成后,即使在条件适宜的情况下也暂时不能萌发,这种现象称为休眠。

休眠形成的主要原因:一是种皮障碍。有些种子的种皮厚而坚硬,或种皮上附着蜡质层或角质层,使之不透水、不透气或对胚具有机械阻碍作用。二是有些果实或种子内部含有抑制种子萌发的物质。比如某些沙漠植物在长期的生活中,为了适应干旱的环境,在种子表面具有水溶性抑制物质,只有在大量降雨后,这些抑制物质被洗脱掉才能萌发,以保证形成的幼苗不致因缺水而枯死。对于休眠的种子,若需促进萌发,应针对不同原因解除休眠。

3.1.2.2 外因

1) 充足的水分

休眠的种子含水量一般只占干重的 10% 左右。种子必须吸收足够的水分才能启动一系列酶的活动,开始萌发。不同种子萌发时吸水量不同。含蛋白质较多的种子,如四季豆、豇豆等吸水较多;而禾谷类种子如小麦、水稻等以含淀粉为主,吸水较少。一般种子吸水有一个临界值,在此以下不能萌发。一般种子要吸收其本身重量 25%~50% 或更多的水分才能萌发,例如,水稻为 40%、小麦为 50%、棉花为 52%、大豆为 120%,豌豆为 186%。种子萌发时吸水量的差异,是由种子所含成分不同而引起的。为满足种子萌发时对水分的需要,农业生产中要适时播种,精耕细作,为种子萌发创造良好的吸水条件。

2) 适宜的温度

各类种子的萌发一般都有最低、最适和最高 3 个基点温度。温带植物种子萌发,要求的温度范围比热带的低。如温带起源植物小麦萌发的 3 个基点温度分别为:0~5℃、25~31℃、31~37℃;而热带起源的植物水稻的 3 个基点则分别为 10~13℃、25~35℃、38~40℃。喜温种子发芽要求的最适温度较高,在 15~30℃ 范围内。如:白菜、萝卜发芽的最适温度是 20~30℃。实验表明,在 25~30℃ 条件下它们 1 天 1 夜的发芽率可达 90%。耐寒的种子最适发芽温度较低,在 15~20℃ 范围内。如露地越冬的菠菜,在 15~18℃ 条件下 7 天后发芽率达 90%,而在 25~30℃ 的对照温度下,仅 40%。

还有许多植物种子需经低温处理后才能发芽。如落叶果树类作物的种子,多数需要在 0~5℃ 条件下经过低温层积处理。还有些植物的种子需经过变温处理才能发芽。如发芽难度极大的香菜种子,经水浸后,在零下 2~4℃ 条件下处理 20~30 分钟后,移置到 10~12℃ 环境中 3~4 天,再转到 20~25℃ 条件下恒温 2 天,如此反复,经过 25~22 天,发芽率可达 90%。而采用非变温处理的其他措施,效果却均不好。

种子萌发所要求的温度还常因其他环境条件(如水分)不同而有差异,幼根和幼芽生长的最适温度也不相同。

3) 足够的氧气

种子吸水后呼吸作用增强,需氧量加大。一般作物种子要求其周围空气中含氧量在 10% 以上才能正常萌发。有些含油量高的种子,如大豆、花生等的种子萌发时需氧更多。空气含氧量在 5% 以下时大多数种子不能萌发。土壤水分过多或土面板结使土壤空隙减少,通气不良,均会降低土壤空气的氧含量,影响种子萌发。

4) 充足的阳光

一般种子萌发和光线关系不大,无论在黑暗或光照条件下都能正常进行,但有少数植物的种子,需要在有光的条件下,才能萌发良好,如黄榕、烟草和莴苣的种子在无光条件下不能萌发,这类种子叫需光种子。有些植物如早熟禾、月见草属和毛蕊花等的种子在有光条件下萌发得好些。还有一些百合科植物和洋葱、番茄、曼陀罗的种子萌发则为光所抑制,这类种子称为嫌光种子。需光种子一般很小,贮藏物很少,只有在土面有光条件下萌发,才能保证幼苗很快出土进行光合作用,不致因养料耗尽而死亡。嫌光种子则相反,因为不能在土表有光处萌发,避免了幼苗因表土水分不足而干死。此外还有些植物如莴苣的种子萌发有光周期现象。

3.2　常规播种育苗技术

育苗是经济利用土地,培育壮苗,延长生育期,提高种植成活率,加速生长,达到优质高产的一项有效措施。育苗圃要选择地点适中或靠近种植地,且排灌方便、避风向阳、土壤疏松肥沃的田块。苗圃地选好后,按要求精细整地作床。

3.2.1　种子品质检验

植物种子品质检验又称种子品质鉴定。植物种子品质(质量)包括品种品质和播种品质。种子检验就是应用科学的方法对生产上的种子品质进行细致的检验、分析、鉴定以判断其优劣的一种方法。种子检验包括田间检验和室内检验两部分。田间检验是在植物生长期内,到良种繁殖田内进行取样检验,检验项目以真实度和纯度为主,其次为异作物、杂草、病虫害和生育情况等;室内检验是种子收获脱粒后到晒场、收购现场或仓库进行抽样检验,检验项目包括净度、发芽率、发芽势、生活力、千粒重、水分、病虫害等。其中,净度、重量、发芽率、发芽势和生活力是种子品质检验中的主要指标。

种子在脱粒、贮藏、运输和播种使用前,都会因种种原因可能发生品质变化。因此,必须定期对种子品质进行全面检验。

3.2.1.1　种子净度

种子净度,又称种子清洁度,是纯净种子的重量占供检种子重量的百分比。净度是种子品质的重要指标之一,是计算播种量的必需条件。净度高,品质好,使用价值高;净度低,表明种子夹杂物多,不宜贮藏。计算种子净度的公式如下:

$$种子净度=(纯净种子重量÷供检种子重量)×100\%$$

3.2.1.2　种子饱满度

衡量种子饱满度通常用它的千粒重来表示(以"g"为单位)。千粒重大的种子,饱满充实,贮藏的营养物质多,结构致密,能长出粗壮的苗株。它是种子品质重要指标之一,也是计算播种量的依据。

3.2.1.3　种子发芽能力的鉴定

种子发芽能力可直接用发芽试验来鉴定,主要是鉴定种子的发芽率和发芽势。

种子发芽率是指在适宜条件下,样本种子中发芽种子的百分数,用下式计算:

$$发芽率=(发芽种子粒数÷供试种子粒数)×100\%$$

发芽势是指在适宜条件下,规定时间内发芽种子数占供试种子数的百分率。发芽势说明种子的发芽速度和发芽整齐度,表示种子生活力的强弱程度。

$$发芽势=(规定时间内发芽种子粒数÷供试种子粒数)×100\%$$

3.2.1.4 植物种子生活力的快速测定

种子生活力是指种子发芽的潜在能力或种胚具有的生命力。

植物种子寿命长短各异，为了在短时期内了解种子的品质，必须用快速方法来测定种子的生活力。测定方法包括多种，有基于种子的大小及色泽、带电性等的物理测定法，基于蛋白质含量、葡萄糖利用力、线粒体活性、酶活力等的生化测定方法，基于呼吸强度、发芽指数等生理测定方法等，但应用较普遍的还是红四氮唑(TTC)染色法和靛红染色法。

1) 红四氮唑(TTC)染色法

2,3,5.氯化(或溴化)三苯基四氮唑简称四唑或TTC，其染色原理是根据有生活力种子的胚细胞含有脱氢酶，具有脱氢还原作用，被种子吸收的氯化三苯基四氮唑参与了活细胞的还原作用，故不染色。由此可根据胚的染色情况区分有生活力和无生活力的种子。

2) 靛红染色法

靛红染色法又称洋红染色法。它是根据苯胺染料(靛蓝、酸性苯胺红等)不能渗入活细胞的原生质，因此不染色，死细胞原生质则无此能力，故细胞被染成蓝色。根据染色部位和染色面积的比例大小来判断种子生活力，一般染色所使用的靛红溶液浓度为 0.05%～0.1%，宜随配随用。染色时必须注意，种子染色后，要立即进行观察，以免褪色，剥去种皮时，不要损伤胚组织。

3.2.2 种子处理

种子的萌发需要一定的水分、温度和良好的通气条件。具有休眠特性的种子，必须在打破休眠后才能发芽，而不少的种子种皮上有病菌和虫卵，需要防治。播种前对种子进行处理，就是为种子发芽创造良好条件，促进其及时萌发，出苗整齐，幼苗生长健壮。播种前种子处理分种子精选、消毒、催芽等。

3.2.2.1 种子精选分级

种子精选的方法有风选、筛选、盐水选。通过精选，可以提高种子的纯度，同时按种子的大小进行分级。分级后的种子分别播种使发芽迅速，出苗整齐，便于管理。

3.2.2.2 种子消毒

种子消毒可预防通过种子传播的病害和虫害。主要有药剂消毒处理、温汤浸种处理和热水烫种等。

1) 药剂消毒

药剂消毒处理种子有药粉拌种和药水浸种两种方法。

(1) 药粉拌种。药粉拌种法方法简易，一般取种子重量 0.3% 的杀虫剂和杀菌剂，在浸种后使药粉与种子充分拌匀便可，也可与干种子混合拌匀。常用的杀菌剂有 70% 敌克松、50% 福美锌等；杀虫剂有 90% 美曲膦酯(敌百虫)粉等。

(2) 药水浸种。采用药水浸种要严格掌握药液浓度和消毒时间。药水消毒前，一般先把种子在清水中浸泡 5～6h,然后浸入药水中,按规定时间消毒。捞出后,立即用清水冲洗种子,随即可播种或催芽。

药水浸种的常用药剂及方法有:①福尔马林(即 40％甲醛),先用其 100 倍水溶液浸种 15～20min,然后捞出种子,密闭熏蒸 2～3h,最后用清水冲洗。②1％硫酸铜水溶液,浸种 5min 后捞出,用清水冲洗。③10％磷酸钠或 2％氢氧化钠的水溶液,浸种 15min 后捞出洗净,有钝化花叶病毒的效果。

采用药剂浸种消毒时,必须严格掌握药液浓度和浸种时间,以防药害。

2) 热水烫种

对一些种壳厚而硬实的耐高温种子可用 70～75℃的热水,甚至 100℃的开水烫种促进种子萌发。方法是用冷水先浸没种子,再用 80～90℃的热水边倒边搅拌,使水温达到 70～75℃后并保持 1～2min,然后加冷水逐渐降温至 20～30℃,再继续浸种。70℃的水温已超过花叶病毒的致死温度,能使病毒钝化,又有杀菌作用,这是一种有效的种子消毒方法。

另外,变温消毒也是一个办法,即先用 30℃低温浸种 12h,再用 60℃高温水浸种 2h,可消除炭疽病的危害。

3.2.2.3　促进种子萌芽的处理方法

1) 浸种催芽

将种子放在冷水-温水或冷水-热水中变温交替浸泡一定时间,使其在短时间内吸水软化种皮,增加透性,加速种子生理活动,促进种子萌发。这种方法还能杀死种子所带的病菌,防止病害传播。浸种温度因植物种子的不同而异:种皮薄、易吸水的种子,浸种水温为 20～30℃,而种皮厚、难吸水的种子为 60～80℃,容易感染病菌的为 50～60℃。浸种时间也因植物种子的不同而异,通常约在 24h。如苦瓜,种皮坚硬,播种前行温汤浸种催芽:种子晾晒后放在 60℃左右的温水中浸泡 20min,不断搅拌,待水温降到 30℃时,继续浸种 12～15h,浸泡过程中,适当搅拌,种子搓洗后捞出冲洗干净,放在 35℃条件下进行保湿催芽,催芽期间用温水每 6～8h 冲洗一次,当 80％的种子露白时,即可播种。

2) 机械损伤

机械损伤就是利用破皮、搓擦等机械方法损伤种皮,使难透水透气的种皮破裂,增强透性,促进萌发。如菠菜种子有刺,且数个聚合在一起,影响播种质量;同时,种子外果皮较硬,不利于种子吸水透气,故应将其搓散去刺;苦瓜种子需要用钳子(或镊子)将种皮捏破,剥开露出胚根;草木樨有两层种皮,通过擦种,使其内层黄色种皮发毛(粗糙)即可。

3) 超声波及其他物理方法

超声波是一种高频率的人类听觉感觉不到的波动,20×10^4 次/s 到 20×10^9 次/s 或者更高频率的振动都属于超声波的范围。用超声波处理种子有促进种子萌发,提高发芽率等作用。如早在 1958 年,北京植物园就用频率 22kHz,强度 0.5～1.5W/cm 的超声波处理枸杞种子 10min 后明显促进枸杞种子发芽,并提高了发芽率。

除超声波外,农业上还有使用红外线(波长 770nm 以上)照射 10～20h 已萌动的种子,能促进出苗,使苗期生长粗壮,并改善种皮透性。紫外线(波长 400nm 以下)照射种子 2～

10min,能促进酶活化,提高种子发芽率。另外,用 γ、β、α、X 射线等低剂量照射种子,有促进种子萌发、生长旺盛、增加产量等作用。低功率激光照射种子,也有提高发芽率,促进幼苗生长,早熟增产的作用。

4) 化学处理

有些种子的种皮具有蜡质,影响种子吸水和透气。如苦瓜种子用 50% 过氧化氢浸 3h 后,立即用清水漂洗来增加种皮透性。

5) 生长调节剂处理

常用的生长调节剂有赤霉素、吲哚乙酸、α-萘乙酸、ABT 生根粉等。如果使用浓度适当和使用时间合适,能显著提高种子发芽势和发芽率,促进生长,提高产量。如:对甜樱桃种子用 1 000mg/L 赤霉素浸泡 10 分钟,种子发芽率可达 90% 以上;将成熟饱满的葡萄种子浸泡于赤霉素溶液中 20h,苦瓜种子用 40mg/kg 浓度的赤霉素浸种均得到了良好的效果。实验表明 1:1 500 倍油菜素内酯(BR)溶液浸种苦瓜种子,对苦瓜种子发芽也有显著的促进作用。

6) 层积处理

层积处理是打破种子休眠常用的方法。桃、银杏、梨、葡萄等落叶果树类种子常用此法来促进发芽。层积催芽方法与种子湿藏法相同,即将种子埋在湿沙中置于 1～10℃ 温度中,经 30～90d 的低温处理就能有效地解除休眠。应注意的是,常规作物的种子层积处理需 2～3 个月的时间,而一些特殊植物,如忍冬只需 40d 左右就可发芽;少数作物,如黄连等则需要 5 个月处理才可发芽。在层积处理期间种子中的抑制物质含量下降,而赤霉素和细胞分裂素的含量增加。

3.2.2.4　生理预处理

生理预处理包括:对种子进行干湿循环,有时称为"锻炼"或"促进";在低温下潮湿培育;用稀的盐溶液,如浸在硝酸钾、磷酸钾或聚乙二醇中进行渗透处理。还有液体播种,就是将已形成胚根的种子同载体物质(如藻胶)混合,然后通过液体播种设备直接将它们移植到土壤中去。

聚乙二醇(PEG)渗调处理可提高作物种子活力和作物的抗寒性。采用 PEG 溶液浸泡种子时,PEG 的浓度要调整到足以抑制种子萌发的水平。在适宜的温度(10～15℃)下,经 2～3 周处理后,将种子洗净、干燥,然后准备播种。

3.2.2.5　丸粒化

为便于机械化播种,利用一定材料对种子进行包衣处理,使其丸粒化。包衣剂可根据需要加入各种防病剂、防虫剂、营养及生长调节剂等成分。丸粒化的种子发芽势强,发芽率高。

目前农业生产上也用菌肥处理种子,主要用细菌肥料,通过增加土壤有益微生物,把土壤和空气中植物不能利用的元素,变成植物可吸收利用的养料,促进植物的生长发育。常用的菌肥有根瘤菌剂、固氮菌剂、磷菌剂和"5406"抗生菌肥等。豆科植物决明、望江南等,用根瘤菌剂拌种后一般可增产 10% 以上。

3.2.3 苗床准备

苗床通常有露地、温床、塑料小拱棚、塑料温室(大棚)等几种形式。

3.2.3.1 选地及整地

1) 选地

一般应选择地势较高、土壤肥沃疏松、排水通气良好,水源充足的播种地。低洼地容易产生根腐病、白绢病等,影响幼苗的生长,甚至造成幼苗的大批量死亡。

2) 整地

播种的前茬应种植绿肥,作用是使土壤肥沃、疏松,同时也可消灭田间杂草。整地要细致,通过整地,可增加土壤的孔隙度,提高地温,增加土壤微生物的活性。结合整地施加有机肥,提高土壤肥力。在秋后翻地,经过冬天的低温可使土壤中的病菌和虫卵、蛹等冻死或被鸟类啄食,减少病虫害的发生,亦可改善土壤的水、肥、气、热等条件。经过冬天的冰冻,土质疏松,再经进一步耕、耙,然后做畦(床),苗床按其高度可分高畦(床)(床面高于步道 15~25cm)、低畦(床)(床面低于步道 10~13cm)、平畦(床)(床面略高于或略低于地面)。南方多雨地区或不耐水湿的品种多采用高畦(床),北方降雨量较低的地区或耐水湿的树种如池杉、枫杨等可采用平畦(床)或低畦(床),育苗时根据不同地区不同品种灵活掌握。苗床的宽度一般以 1m 为宜,苗床的长度可根据地块的大小和喷灌情况来定,一般不超过 20m。

3.2.3.2 床土处理

国外多使用溴甲烷熏蒸,可杀死土壤中的病虫害,是一种较为理想的熏蒸剂。现在,国内已有用于温室熏蒸。甲醛(福尔马林)也是一种较好的熏蒸剂,国内主要用于育苗基质和扦插基质的熏蒸,大面积土壤熏蒸在国内采用较少。一般采用杀菌剂处理如用地菌灵混合拌土,效果较为理想。有些物种如罗汉松、金钱松和一些栎类树种在播种前还要为土壤接种,也就是接种这些树种根部的共生菌,以利于幼苗的生长。

3.2.4 播种

3.2.4.1 播种期

一般植物播种主要采用春播,有些植物可随采随播,如枇杷等各种常绿果树的种子;有些大粒种子可在秋季或冬季播种,如有些壳斗科,李属树种可采用秋冬播种。

3.2.4.2 播种量

播种量主要根据幼苗的叶片大小和生长速度来决定,一般木本植物 1~4 万株/亩,蔬菜花卉等的种子用量为 50~150g。幼苗的密度不可过大,否则会影响幼苗的质量和移栽成活率。茄果类的播种密度为 10cm×10cm,叶菜类为 8cm×8cm。

3.2.4.3 播种深度

播种深度一般视种子的大小和幼苗的拱土能力而定,大粒种子一般播种深度在 3～5cm,小粒种子可适当浅覆土,如萝卜等上覆土到仅盖住种子即可。无论大粒种子还是小粒种子,覆土最好采用含有机质较高的壤土或沙质上壤,有利于幼苗的萌发和出土,有条件的可用泥炭与沙河的混合物覆盖种子,效果更佳。

3.2.4.4 播种后的管理

播种后的水分管理非常重要。土壤含水量过高,种子容易霉烂,含水量过低,种子难以萌发;尤其是在种子萌发后土壤缺水,很容易造成芽干,降低出苗率。水分浇灌的方法也根据种子的大小来决定,大粒种子可采用喷灌;小粒种子只能喷雾,以防冲走种子。

3.2.4.5 苗期管理

从出苗到幼苗期管理的重点是水分和温度,此外还要注意防病虫害、除草等。此期要注意合理灌溉,水分过多加之高温会引起病害的大发生。保持一定的温度,注意苗床覆盖物的揭盖和通风,促进幼苗正常生长。幼苗期的病害主要是立枯病、猝倒病和白绢病,一般在幼苗根茎木质化之前每隔 10～15 天用 800 倍多菌灵灌根,能较好地控制幼苗病害的发生。苗期除草,可用选择性除草剂如盖草能、精禾草克等杀死禾本科杂草,也可在播后苗前用灭生性除草剂除草,同时应特别注意除草剂的使用剂量和使用方法,并根据不同的种苗进行适当的遮光。

冬春育苗以保温为主,夏秋育苗则以降温为主。子叶初展到第一片真叶显露阶段温度管理的重点是适当降低床温,进行第一次幼苗的低温炼苗。

幼苗生长到一定的高度,生长速度加快,此期通常称为速生期,期间应加强肥水管理,促进苗木迅速生长,同时适时除草防病。进入秋季,要少施氮肥,尽量少浇水,使苗木早停梢,防止冬天冻梢现象的发生。

起苗前几天,注意浇透水,以利起苗。

总之,从品种选择、种子贮藏到育苗,都会影响到苗木的生长或造成苗木的损失,直接或间接地影响到以后的生产。

3.3 工厂化播种育苗技术

工厂化育苗,又称快速育苗,指在人工控制的最佳环境条件下,充分利用自然资源和科学化、标准化技术指标,运用机械化、自动化、标准化手段,使育苗生产达到快速、优质、高产、高效率,成批而稳定的一种育苗方式。特点是幼苗生长速度快、育苗时间短、产苗量成批、质量一致,极大地克服了我国传统的自给自足种植方式常存在着保护设施差、技术不过关、出苗率低、患病、形不成壮苗等的现象。

据统计,我国蔬菜生产中,60%以上的种类都需要育苗移栽。因此,发展工厂化育苗势在必行。1976 年,我国开始发展推广工厂化育苗技术,1980 年,全国成立了蔬菜工厂化育苗协作组,开展了引进消化国际工厂化育苗技术的科技攻关。"九五"期间,已将工厂化育苗列为"工厂化农业示范工程"项目之一。目前它已在北京、山东、南京、上海等地建立起了一批现代化育苗场。以南京市蔬菜科学研究所建设的南京蔬菜工厂化育苗中心为例,截至 2009 年,该中心累计投入的费用就达 1000 万元以上,年生产能力达 2000 万株,培育的蔬菜、西瓜嫁接苗得到了广大农户的欢迎。未来,南京市政府还将以工厂化育苗为契机,建设市级(Ⅰ级)育苗中心和区级(Ⅱ级)育苗中心。另外,中国林科院等单位也自行设计出了育苗生产线,极大地促进了机械化育苗技术的发展。

3.3.1　育苗设施和设备

现代育苗工厂主要设施有大型温室、基质(营养土)配制机、苗盘播种机、培养土装载及消毒设备、催芽室、水肥药喷洒机械系统、秧苗包装及运输设施。培养土大多用草炭、蛭石等混合物。播种后,种子一般用珍珠岩覆盖苗盘。培养土消毒一般为蒸汽消毒法。播种机是一套自动流水线,从装有育苗基质的苗盘经过压印播种、洒水、覆盖等多道工序完成播种作业。催芽室内温度、湿度自行调节,育苗盘规格一般用长 40～60cm,宽 30cm,高 5～6cm 的塑料或泡沫盘。

水肥药喷洒机械系统一般距地面高度为 2m,采用迷雾式喷洒。控制系统采用微电脑程序控制,根据气温、季节、品种特性等因素,设置不同的控制程序。

电热线加温系统,主要用于冬季扦插。它以电热线为热源,在穴盘底部进行加温。电热线由 4 部分组成,即热源线、回线、探头和控制器。冬季育苗时,在育苗床的塑料扣板上铺一层具有隔热保温作用的锡纸,然后将电热线排列在锡纸上,回线安装在床底与控制器连接并接地,温控探头安装在苗床的中部并与控制器连接,并用保温效果较好的珍珠岩将电热线覆盖。

3.3.2　育苗的方法与操作流程

目前工厂化育苗的方法有钵、盘育苗法及营养土块育苗法等。育苗方法不同,所需要的设施、设备及工艺流程均有差别,这里只介绍钵、盘育苗法。

钵、盘育苗法是将种子直接播入装有营养基质的育苗钵和育苗穴盘内,在钵、盘内培育半成苗或成龄苗,通常是在有自动调温、控湿、通风装置的现代化温室或大棚中进行。温室或大棚空间大,适于机械化操作,装有自动滴灌、喷水、喷药等设备,并且从基质消毒至出苗是程序化的自动流水线作业,有自动控温催芽室、幼苗绿化室、自动嫁接智能机及促进愈合装置等。播种机流水作业,主要环节包括搅拌→装盘→打孔→播种→覆盖→淋水→上架等。将所用的基质按一定的比例放在搅拌机内,加水拌湿拌匀,拌湿的标准是用手将基质捏紧,稍有水渗出但不漏水,然后装盘(盘内基质松紧适度)、打孔、播种,机播过程中需严密监控播种质量,每孔一粒,再覆盖一层基质,并调整覆盖厚度后淋水、上架。

3.3.3　育苗技术

3.3.3.1　品种选择

工厂化育苗,应选择种子发芽率大于 95％、籽粒饱满、发芽整齐一致、抗病、高产的优良品种。播种前根据不同种子采用不同处理措施,特别是形状不规则种子的丸粒化,以利于机械化播种。果菜类育苗,播种前应根据不同种子可浸至 50℃ 温水中,自然冷却,浸泡 24 小时后晾干播种,也可以用干籽直播。品种上,甜椒宜以以色列的麦卡比、考曼奇、H A-831 等,番茄以 R-144、茄茜亚等,茄子以济农长茄 1 号等表现理想。

3.3.3.2　播前准备

根据需要选用不同型号育苗钵盘或育苗床。基质准备时,将草炭过筛成细小颗粒,然后将草炭、蛭石、珍珠岩、炉渣灰等基质材料,根据种子种类按照不同比例进行充分混合方可使用。茄果类蔬菜的常用基质配比为草炭:珍珠岩:蛭石粉=5～6:3:2～1。

基质混配后进入消毒机高温杀菌消毒,温度控制在 80℃,杀菌时间控制在 10min;也可采用药剂杀菌,每立方米基质加多菌灵 200g,混合均匀后密封 5～7 天。如:番茄育苗,以 60% 草炭+30% 珍珠岩+10% 蛭石组成的混合基质,比较适宜幼苗的生长;同时,基质含水量要求在30%～35%。

3.3.3.3　播种、催芽

基质消毒装盘后即可播种,一般每穴点 1 粒,播后覆盖一层孔径 0.5cm 的网筛筛过的基质粉,厚度为 0.5～1cm。采取人工覆盖的要用木板刮平。洒水时注意调控淋水机的水流速度与水滴大小,灌水量以水渗至孔穴深度的 2/3 为宜,最后取盘上架,播种后的苗盘层放在催芽架上,用塑料薄膜盖严保温、保湿,做好品种、数量、播种时间等标记后放入催芽室。催芽温度为 20～28℃,相对湿度 90% 左右。室内洁净并保持全黑状态,在催芽一周后的过程中,尤其是前三天,要经常观察室内的温湿度,及时调控,催芽,要加强对穴盘的检查工作,观察胚根是否萌动。覆盖的基质要保持有效湿润状,当轻轻挤压基质时,应在基质表面有水出现,切忌让基质表面干化。一般蔬菜作物的种子在 3～5 天不等均可发芽,其他作物的种子依据品种特性和催芽室的环境条件,灵活调整时间(表 3.1)。

3.1　常用蔬菜催芽温度

种类	催芽室		种类	催芽室	
	适温/℃	时间/天		适温/℃	时间/天
番茄	25～28	4	西瓜	28～30	2
茄子	28～30	5	生菜	20～22	3
辣椒	28～30	4	西葫芦	28～30	3～4
黄瓜	28～30	2	甜玉米	28～30	3～4
甜瓜	28～30	2	芹菜	15～20	7～10

播种期根据计划的供苗期和适宜苗龄来推算。一般番茄 2 天,甜椒 4～5 天,茄子 5～7天,即可出苗。甜椒、番茄夏季播种育苗,从播种到供苗约 35 天左右;茄子育苗期约在 45 天左右。对于温度等环境条件可控性差的日光温室来讲,茄子和甜椒应在 7 月下旬至 8 月上旬播种,番茄于 8 月中旬播种。

黄瓜种子为嫌光性,从播种到开始出苗,应选择温度 25～30℃,相对湿度 95%～100% 利于出苗。

3.3.3.4　绿化、分苗

当60%左右种子露白,即小幼苗开始顶土出苗时,可将穴盘移出催芽室结束催芽。育苗盘由催芽室移至绿化室进行秧苗绿化,置于有光照的苗床上,以满足光合作用的生理要求,但光照强度要做适当调节,防止幼嫩的幼苗被强光灼伤。为给幼苗创造一个良好的生长发育环境,尤其是冬春季,可选用无纺布铺在穴盘下,并在穴盘上方用拱架也盖一层,这样能够创造一个温度、湿度变化温和的小环境,更有利于幼苗的生长发育。

当幼苗两片真叶充分展开,而整个穴盘苗之间并不显得拥挤时,应该及时地采取分苗移植措施。这是非常关键的一步,这样不仅可以防止植株徒长,培育壮苗,还可以有助于保持小苗生长一致,提高成品苗的整齐度和一级品率。据作物种类、育苗习惯的不同,分为一次和二次分苗。

3.3.3.5　苗期管理

1)温度管理

播种出苗后,子叶展平前应保持适宜的温度,并给予充足的光照。子叶展平后温度,白天以20~30℃、夜间15℃左右为宜。寒冷季节温度过低可适当加温,高温季节温度过高可适当降温。定植前7~8天,进行低温炼苗,白天气温20℃,夜间10~15℃为宜。

黄瓜从出苗到破心,白天温度20℃,夜间12~15℃;从破心到商品苗苗龄,温度应较高,白天20~25℃,夜间13~15℃;从商品苗龄至贮运销售期,应降低温度,白天15~20℃,夜间10~12℃。表3.2列出了主要蔬菜苗期对环境条件的要求。

表3.2　主要蔬菜苗期对环境条件的要求

名称	光/k/Lx		气温/℃			土温/℃	夜间相对湿度/%
	饱和点	补偿点	白天	夜间	最低		
番茄	70	2~4	26~23	20	5	18~15	60~80
茄子	40	2	28~23	18~13	10	20~18	60~85
青椒	30	2	30~25	20~18	12	22~18	70~90
黄瓜	55	2~4	28~23	15~13	10	20~18	70~90
西瓜	80	4	28~25	18~13	10	20~18	70~90
甘蓝	40	2	18~20	12~8	2~0		70~80
南瓜	45	2	23~18	15~10	8	18~15	70~80

2)肥水管理

出苗后即可浇水,正常情况保持育苗盘见干见湿。当育苗盘重量低于平均值时,即可根据天气情况浇水,至育苗盘底部开始滴水时为宜。原则是高温天气多喷,阴雨低温天气应适当减少浇水次数及浇水量。空气相对湿度在移入温室后的3~5天保持在90%左右,逐步调整到85%左右,这样幼苗所处的环境湿度变化缓慢,利于幼苗的生长。

当子叶完全展开后可随水施肥,每5~10天喷施一次。育苗期肥料用量不大,但要求较高,如用小苗专用肥,各次施肥需要的阳离子交换量可按包装袋标明的数据配制。用其他液肥时浓度不能超过1‰。每次施肥都要使穴盘底孔流出水。施肥后用清水漂洒叶片,以免肥液滞留于叶片上,导致肥害。施肥要看苗情,如果苗过嫩,则延长施肥间隔时间;反之,则应勤施肥。

3)病虫害防治

在幼苗第一片真叶展开时喷施30％恶霉灵水剂1500倍液,可预防猝倒病的发生,以后可每5～6天喷1次,连喷2～3次。高温季节育苗,常有鳞翅目、同翅目等害虫侵入,应喷1～2次5％抑太宝乳油1500倍和2.5％扑虱蚜可湿性粉剂1000倍混合液进行防治。

4)补苗

工厂化育苗,穴盘常出现缺苗。在一片真叶展开时应及时补齐缺孔苗。补苗前要少浇点水,补苗时用铁丝将苗子掘出,再用铁丝压着根插入无苗的穴孔中,用手封一下插孔即可。补苗期间应尽量遮光。补苗后结合补充水分,喷一遍高浓度营养液。

5)移盘

为保证苗子的整齐一致,在育苗过程中要经常移动育苗盘在育苗床上的位置,一般5天左右进行一次。

3.3.3.6 及时出苗

鉴于工厂化育苗采用的育苗盘,营养面积小,苗子过大容易造成叶片拥挤,见光不良的现象。因此,到了预定的出苗时间,必须在短期内出苗栽植。秋季,茄果类蔬菜的穴盘苗适宜苗龄和出苗标准为:番茄株高18～23cm,六叶一心,叶色深绿,根系布满基质;甜椒株高16～20cm,六叶一心,根系布满基质;茄子5～6片叶,苗高15～18cm,根系布满基质。

出苗时,将育苗盘在苗床上轻扭一下,使基质与穴盘分离,但保持营养块完整。苗子取出后即可装箱,但箱底最好铺层地膜,以保护幼苗。装箱密度以每株1dm³为宜。装箱后注意遮阴,运输时注意防风、遮阳。当天不能定植的要将箱口敞开,并补充水分。

3.4 工厂化育苗案例:番茄穴盘育苗技术

穴盘育苗技术就是采用草炭、蛭石等轻质无土材料作基质,以不同穴孔的穴盘为容器,通过精量播种、覆盖、镇压、浇水等一次成苗的现代化育苗技术。番茄采用穴盘育苗具有工序简单、省工省力、效率高和可减少土传病害等优点。

3.4.1 穴盘与基质选择

番茄穴盘育苗宜采用72孔穴盘。穴格过多,容积会偏小,因此单穴中的基质少,水气热肥等因素的缓冲空间小,不利于种苗生长;穴格过少,则容积大,基质多,单位育苗床利用率低,生产成本增加。

育苗基质要求,容重在0.2～0.8g/cm³,通气空隙在10％～30％,田间持水量大于40％,阳离子交换量在0.75～1.2ms/cm,pH值6.0～7.0。表3.3列出了王宝海等公开的番茄穴盘育苗主要基质及理化性质。

表 3.3　番茄穴盘育苗主要基质及理化性质

基　质	容重/g/cm³	通气孔隙/%	EC/ms/cm	pH	有机质/%	全氮/%
草炭：蛭石＝3：1	0.4	22.0	0.3	6.8	32.0	12 200
草炭：醋糟：蛭石＝1：1：1	0.3	10.4	3.1	6.4	24.5	12 500
草炭：菌渣：蛭石＝1：1：1	0.3	23.5	2.7	6.9	25.3	14 100
中药渣：蛭石：辅料＝3：1：1	0.4	19.6	3.3	6.4	30.2	12 000
芦苇末：蛭石＝3：1	0.3	21.0	2.4	6.4	30.2	1 200

另外,国内也开发出了大量的番茄专用育苗基质,金色 3 号等被确认为茄果类、瓜类蔬菜的穴盘育苗适宜基质。该基质养成分丰富,在育苗期间不需添加其他肥料。

3.4.2　装盘

提前将基质预湿,标准为手紧抓有水滴、落地即散开为度。通常每立方米基质加水 45kg,需要堆置 2～3 小时以使基质充分吸水。然后将基质装满穴盘,并用刮板朝一个方向将穴盘刮平,使各个格室清晰可见。进一步用直径 1cm 小棒下压格室 0.8～1cm 深,以便于播种。一般每立方米基质可装 72 孔穴盘 230 盘左右,育苗 1.6 万株。

3.4.3　播种

播种的基本流程包括选种→消毒→播种等环节。

播种时期应根据计划的供苗期和适宜苗龄来推算。春提早栽培的,宜选择早熟、抗病、耐低温、耐弱光品种。秋延后栽培,宜选择中熟、抗病、优质、耐高温、高湿品种。如佳粉、霞粉等品种。

选种时,首先需要统计种子发芽率,然后依据发芽率,再进一步通过风选、水选、盐水选、大小选等方法选出优质种子,确保播种后每粒种子基本上都能发芽。

种子消毒时,先放入 50～60℃ 的温水中,不断搅拌种子 20～30 分钟,然后在 25～30℃ 温水中浸泡 4～5 小时,除去瘪粒、杂质,风干备用。

播种时,将装满基质的穴盘排放在苗床上,喷透水。每穴播种一粒种子,播种深度 0.5～1cm。播种后覆土,以防止基质表面浇水板结,保持疏松。覆土厚度为种子直径的 2～3 倍。

3.4.4　催芽

番茄种子出苗温度要求 20～25℃、基质湿度为 85%～90%,发芽需要充足氧气,出芽时间为 3～4 天。播种后,将穴盘置于上述条件下的苗床上,盖一层白色地膜保湿,每天观察,60%

种子发芽后就应及时揭去保湿膜。

为防止幼苗徒长,影响质量,应在催芽完成后,立即将穴盘移出见光;同时,穴盘宜浇水一次,以使基质与根系密切结合,提高育苗质量。

3.4.5 苗期管理

番茄种子苗期管理温度要求 15～22℃,夜间不能低于 10℃;出苗后水分不宜过多,根系生长适宜相对湿度为 70%～80%;光照应充足、均匀。

工厂化育苗时,位于穴盘中央的幼苗容易因互相遮阴及湿度高而造成徒长,而位于穴盘边缘的幼苗则通风较好但容易失水。因此,管理过程中,一方面需要注意 15 天移盘 1 次,同时避免幼苗间遮阴,以维持幼苗的正常生长。

番茄的出苗标准为:茎秆粗壮、子叶完整、叶色浓绿、生长旺盛,根系将基质紧紧缠绕形成完整根坨,无黄叶,无病虫害。春季栽培番茄苗龄 40～45 天,夏秋季栽培番茄苗龄 25～30 天,真叶数 4～5 片、株高约 15cm、茎粗 2～4mm 以上。

此外,育苗期间,还应做好病虫害防控。一旦发生,后果将十分严重。

3.4.6 穴盘苗运输

穴盘苗长距离运输也会造成种苗的落叶,茎部的徒长,叶片的黄化,病原菌感染与发生寒害。保证种苗质量,运输条件尤为重要。

贮运前应进行种苗光照、温度等驯化,维持运输苗的洁净与健壮,在贮运前可先喷洒适当的杀菌剂或杀虫剂。种苗质地柔弱易损,包装应适宜,克服物理碰撞损坏、水分散失、温度变幅太大等障碍;同时应注意包装容器的通气性,可将菜苗层层排放在纸箱或筐里,浇透水运输。

思考题

1. 以常规播种技术育苗为主的园艺植物有哪些? 以工厂化播种技术育苗为主的园艺植物有哪些? 它们的基本流程分别包括什么?

2. 工厂化播种育苗的技术要点是什么? 包括的设备有哪些?

4 嫁 接 育 苗

嫁接是园艺植物繁殖的一种重要方式。传统概念上,它是指切取性状优良植株的枝或芽,接在另一有根植株,并使之愈合生长成独立新植株的方法。在这一过程中,供嫁接用的枝、芽叫接穗(或接芽),接受接穗的有根植株叫砧木,产生的新植株叫嫁接苗。如今,由于嫁接技术的发展,除枝、芽外的其他植物器官,如叶、花序、子房、柱头、果实、胚芽、细胞等也均可嫁接。所以,确切地说,嫁接就是指将不同植物或同一植物的细胞、组织或器官结合在一起,使其生长发育成为完整植株的方法。

嫁接技术最初产生的目的是为了保持品种的优良特性和提高植株适应性。果树等童期较长的物种,由于遗传背景复杂,难以获得目标性状纯正的 F_1 代亲本。因此,通过杂交获取品种的优良特性难以实施;同时由于大的量优良品种都非本土选育,因此难以适应当地土壤等生态环境。嫁接避免了有性杂交过程,同时利用了本土物种作砧木,所以具有保持品种的优良特性和提高植株抗逆性的优势。如今,嫁接也在蔬菜类作物上被用作改良品质的方法:它可减轻和避免蔬菜嫁接苗土传病害、克服连作障碍;选择适宜的砧木,可增强秧苗对低温或高温逆境的适应能力,提高根系对肥水的吸收能力,促进蔬菜的生长发育,从而达到提早收获、增加产量、改善商品品质的目的。目前南京地区以西瓜、黄瓜、甜瓜嫁接苗栽培的面积最多,茄子、番茄、甜椒、西葫芦也有应用。

4.1 嫁接育苗原理

4.1.1 嫁接愈合原理

嫁接成活所需要的时间与植物种类、年龄、嫁接方法及时期等有关,但愈合过程基本相同。

4.1.1.1 愈伤组织的形成

接穗接到砧木上之后,在砧木和接穗伤口的表面,破损细胞残留物形成一层褐色的薄膜。随后在愈伤激素的刺激下,褐色薄膜破裂,形成愈伤组织。愈伤组织经过不断增长,砧木和接穗之间的空隙就被逐渐填满,这时砧木和接穗的愈伤组织薄壁细胞便互相连接,将两者的形成层连接起来,形成一新的植株。

形成层细胞是介于木质部和韧皮部之间的一层薄壁细胞,它具有非常强大的生命力,在植物生长过程中,它向内形成新的木质部,向外形成新的韧皮部。形成层产生的新的愈伤组织是高度液胞化的,其膜很薄,因此嫁接时要保持接口部位有很高的湿度和适宜的温度,并对齐砧木和接穗的形成层,有利于改善嫁接的成活率。

4.1.1.2　影响嫁接成活的因素

影响嫁接成活的因素一般包括温度、湿度、光照等外界环境条件,砧木、接穗的质量及其亲和力等遗传特性和嫁接技术本身。

1）温度

植物愈伤组织的形成和生长均需要特定的温度范围,温度过高过低都会影响愈伤形成及其生长的速度。一般温度控制在 10℃以上,若低于 10℃就会自然进入休眠期。如西瓜嫁接后温度应控制在 25℃~30℃,利于嫁接苗成活。

2）湿度

湿度对愈伤组织形成的影响有两个方面:一是愈伤组织形成本身需要一定的湿度;二是接穗只有在一定的湿度之下,才能保持它本身的生活能力。如西瓜嫁接 3d 内保持湿度 95％以上,才能加快愈伤组织形成;甜橙在嫁接时接合部的湿度要达到 80％左右。

3）光照

光照对愈伤组织的生长有较明显的抑制作用。在黑暗条件下,接口长出的愈伤组织多。嫁接后,苗木的成活主要依靠接口内不透光的部分愈伤组织,因而使成活的机会和速度受到影响。

4）砧木、接穗的质量

砧木和接穗的质量是愈伤组织生长以及嫁接成活的内因。一般来讲,砧木由于根系本身是一个独立的生活体,所以除了受病虫及其他自然灾害的危害而降低,甚至丧失了生活能力之外,都有较强的生活能力。但接穗就完全不同,它脱离了植株,而且有时还要经过较长时期的运输和贮存,这期间很容易受到损伤,而使生活能力降低,影响嫁接的效率,因此更应该注意质量的保证。

5）亲和力的大小

植物嫁接成活率的高低,主要取决于砧木和接穗的亲和力。这种亲和力越好,体内的新陈代谢就越协调,成活率也就越高。反之,亲和力不强的植株嫁接后就不易成活,或者即使成活了,也会由于后期生长发育差,开花结果不正常。

6）嫁接技术

不同的嫁接时期对于嫁接的成活率也有所差异。春季是枝接的适宜时期,一般在早春树液开始流动时即可进行;夏季是芽接的适宜期,此时砧木和接穗的皮层比较容易剥离,愈伤组织形成快,有利于愈合;秋季也是芽接的适宜时期,这个时期的新梢成熟,养分储藏多,芽已完全形成,是树液流动形成层活动的旺盛时期。

在进行具体操作时一定要做到"快、平、准、紧、严",即动作要快、削面要平、形成层要对准、包扎绑缚紧以及封口要严。

4.1.2　嫁接亲和机制

嫁接亲和性受遗传因素决定。一般来讲,接穗和砧木的亲缘关系越近,嫁接越容易成活,反之,则排斥越强烈,嫁接成功率降低,但在生产中也有反例:苹果属植物种间嫁接后,并非砧穗间亲缘关系越近越容易成活,原因可能与接穗的多酚类物质含量有关。

栎属植物上的研究表明,接穗和砧木中的过氧化物酶同工酶表达图谱相同的,嫁接亲和性高,不同的不亲和,这表明嫁接亲和性受遗传因素控制。

黄瓜的同种异体嫁接发现,自嫁接后10天同工酶谱有别于植株的直接机械创伤结果,研究发现:嫁接后1天、3天、5天,同工酶谱均比机械创伤多1条、1条、2条带,表明嫁接有新的基因在表达,反映了嫁接亲和性识别过程中存在着砧木和接穗细胞间的相互判别和诱发。

西洋梨嫁接在榅桲上的实验表明,夏季高温条件下,砧木中产生 α-扁桃腈糖苷,向上运送到接穗,被 β-糖苷酶分解释放出氰氢酸,促使细胞坏死,阻止愈伤组织分化维管束,从而两者表现不亲和,但在低温下嫁接却是亲和的。因此认为,嫁接亲和的机制与细胞的生理状态有关。

黄瓜和绿豆的嫁接难以成功,但如果放在含适当浓度激素的培养基上,则发现砧木和接穗间的维管束可以接通,表明植物激素对嫁接亲和性也有影响。

可见,影响亲和力的因素是多方面的,单用砧木和接穗之间的共同生长特性来解释似乎不够完善,甚至是矛盾的。

嫁接不亲和时的具体表现包括:生长季后半期叶变黄,早期落叶,营养生长衰退,新梢死去,树体有病,长成大树以前死去,砧穗之间的生长速度或生长势有明显差异,砧穗一年中营养生长开始和结束的时期不同,接口上下或就在接口处生长过旺等。它可以帮助我们合理地筛选砧穗组合。

4.2　常规嫁接技术

生产实践中,园艺植物的嫁接方法主要有芽接法、枝接法、根接法以及茎尖嫁接法等。

4.2.1　嫁接前的准备

4.2.1.1　砧木

砧木可通过播种、扦插等方法繁殖。

砧木在土壤湿度不大,伤流不太严重的情况下,可随剪随接。如果伤流较多,可在嫁接前1~2天剪砧"放水",以减少嫁接时伤流的发生。

嫁接前一周,对砧木进行灌溉处理,有利于皮层分离,提高芽接或插皮接的嫁接效率。

砧木的选择应满足以下条件:

(1) 对土传病害具有较高的免疫性。

(2) 对不良环境有较强的抗逆性。

(3) 与接穗具有较高的嫁接亲和力,且对品质无不良影响或影响较小。

（4）能明显提高产量。

（5）为当地主栽树种。大风等恶劣天气条件下，即便砧穗具有良好的亲和力，也不适合嫁接。

4.2.1.2　接穗

1）枝接

枝接的接穗应在嫁接前 24 小时内剪取，并注意防水分蒸发及病菌感染。如条件许可，最好是先将母树或母枝剪顶，待 5～7 天后枝梢腋芽饱满时即采即接，成活率最高。

春季嫁接用的接穗一般结合冬季修剪将接穗采回，选择沙藏法储藏，即每 100 根捆成一捆放在室内通风的湿沙中，附上标签，标明树种或品种、采收日期、数量等，在适宜的低温下贮藏即可。

2）芽接

芽接所用接穗多为夏季，随用随采或短暂贮藏。贮藏时间越长，成活率越低，一般贮藏期不宜超过 5 天。芽接用的接穗从树上剪下后要立即去掉叶片，留 2cm 左右长的叶柄，每 20 或 30 根捆成一捆，标明品种，打捆时要防止叶柄蹭伤幼嫩的表皮。

3）根接

根接所选用的接穗是良种嫁接树上 1～3 年生健壮的木质化枝条，萌发前 10～20 天采集。如果隔季根接，则按枝龄和长短分别 30～50 根扎成一捆，不要剪断，保留每根接穗的顶芽，然后沙藏。

4）微型嫁接

用作微型嫁接的接穗，可以直接取自试管苗的枝芽，或是采田间或温室中旺盛生长的幼嫩枝条，经 0.1% 的升汞表面消毒后直接剥取茎尖作接穗。

4.2.1.3　嫁接工具

嫁接工具主要有嫁接刀、修枝剪、手锯、水盆（桶）、薄膜、铁钉、嫁接夹、竹签等，见图 4.1。

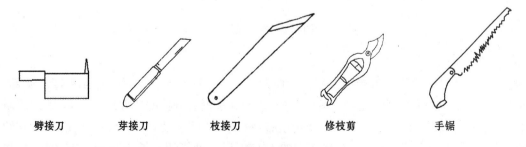

| 劈接刀 | 芽接刀 | 枝接刀 | 修枝剪 | 手锯 |

图 4.1　嫁接工具

嫁接刀可分为芽接刀、枝接刀、单面刀片、双面刀片等。

手锯是花卉、苗木、果树、园林树木等绿色植物修剪用的工具，一般锯刃长度：180～350mm。手锯按外形分：直锯、弯锯、折锯，使用起来弯锯较省力。

嫁接前要对嫁接工具进行消毒。操作人员手指、刀片用 75％酒精（医用酒精）涂抹灭菌，间隔 1～2 小时消毒一次，以防杂菌感染伤口。但用酒精棉球擦过的刀片、竹签一定要等到干后才可使用，否则将严重影响成活率。

4.2.2　嫁接方法

4.2.2.1　芽接法

芽接就是指以芽片为接穗的嫁接繁殖方法，它是园艺植物现代繁殖技术中应用最广的一种嫁接方法。它只用一个芽作接穗，一年生砧木苗即可嫁接，繁殖材料经济，成苗快，接合牢固，工作效率高；春、秋、夏 3 季在砧木皮层能剥离，接穗芽成熟而处于休眠状态下时都可进行。最常用的芽接方法分为：

1）嵌芽接

嵌芽接主要用于对接穗难以离皮的园艺植物，如板栗、枣等。先用刀在接穗芽下方 1cm 左右处以 45°向下斜切入木质部，在芽上方 1cm 处约以 5°向下斜削一刀至第一切口，得到盾形芽片，进而利用相同方法削切砧木，但需注意切口大小宜稍长于接穗芽片。之后将芽片嵌入砧木切口，对齐形成层，保持芽片上端露出一线砧木皮层，绑紧即可。见图 4.2。

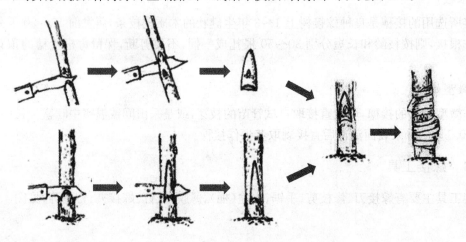

图 4.2　嵌芽接

2）T 形芽接

T 形芽接是以盾状芽片为接穗，芽片长 1.5～2.5cm，宽 0.6cm 左右，通常不带木质部。具体做法见图 4.3：在砧木上距地面 5～6cm 处，选一光滑没有分枝的地方横切一刀，深达木质部，再在横切口中间向下竖切一刀，长 1cm 左右，形成一"T"形切口。然后在接穗芽下方约 1.2cm 处向上斜削木质部至芽上方，再在芽的上方 0.5cm 处横切一长 0.8cm 左右的切口，深达木质部，然后用右手捏取盾形芽片。用芽接刀的尾部硬片将砧木皮层挑开，将芽片放入"T"形切口内，按住叶柄向下推挤，使芽片与砧木的横切口对齐合严。最后用塑料条先在芽上方扎紧一道，再在芽下方捆紧一道，然后连缠 3～4 下，系活扣即可。为检查嫁接成活状况，注意露出叶柄，2 周后进行，凡一触即落者表示成活；反之即需要补接。

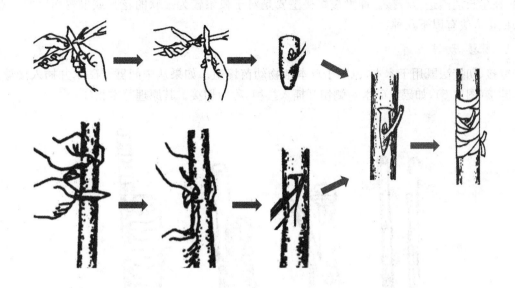

图 4.3　"T"形芽接

T形芽接法适用于桃、柿子树、核桃、蓝莓等多种植物。图 4.4 是蓝莓的 T 形芽接法嫁接结果。

(a) 嫁接后第7天　　　　　　　　(b) 嫁接后第53天

图 4.4　蓝莓的 T 形芽接

4.2.2.2　枝接法

枝接是以枝段为接穗的嫁接繁殖方法。每接穗带有 1～3 芽。与芽接法相比,操作技术比较复杂,工作效率较低。但在砧木较粗、砧穗处于休眠期而不易剥离皮层时,采用枝接法较为有利。枝接法依接穗的木质化程度分为硬枝嫁接和嫩枝嫁接。硬枝嫁接是用处于休眠期的完全木质化的发育枝为接穗,于砧木树液流动期至旺盛生长期中未木质化或半木质化的枝条为

接穗,在生长期内进行嫁接。而嫩枝嫁接主要是对于枝条较为柔软的花卉或果树而言的。常用的枝接方法有以下几种:

1) 劈接、切接法

劈接、切接法既用于木本,也用于草本植物幼苗繁殖。如果从中间劈开砧木并插入接穗,称为劈接(图 4.5);如果从砧木一侧切开插入接穗,称为切接。其原理基本相同。

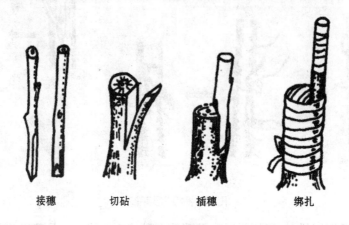

图 4.5　切接

果树等木本植物劈接操作时应先选用较粗的砧木,把嫁接部以上的砧木剪断并把切面削平,在正中劈开一个竖直的切口。接穗是选带 2~4 个芽的小段,在基部芽下 1cm 处的两侧,各削一个长 3~4cm 的削面,使之成楔形,然后将接穗插入即可。而切接一般选用较细的砧木,嫁接前先把砧木从所需嫁接的部位剪断,削平截面,在截面的 1/3 处垂直向下劈一切口,长 3~4cm。接穗在正面削一刀,长度与砧木劈口一致,背面再削一马耳形的小切面,长约 1cm。接穗上保留 2~3 个芽,其余部分剪断。然后将砧木和接穗的形成层对准,捆绑埋土。而蔬菜在进行劈接、切接时则用刀片挑出砧木的真叶及生长点,顺两子叶的连接线的一半处向下直切 8mm,将削好的接穗插入砧木的切口中,用嫁接夹固定绑缚好即可,其操作简便,工效高,成活率高,不过使用种类范围较窄。

西瓜等蔬菜劈接操作时,一般先在砧木第 3 片真叶处、接穗粗细相当的部位横着切断,然后沿砧木茎秆垂直向下切一个深约 1cm 的切口,在接穗第 1 片子叶下方,将接穗削成 1cm 左右长的楔形后插入砧木的切口中,用夹子固定。

2) 腹接法

腹接法常用于木本植物的繁殖。接穗的削取与切接等方法相似,只是削口稍短些,另外,切砧木时用枝接刀在枝条之间斜下切一刀,然后插入接穗,绑缚。具体操作方法见图 4.6。

西瓜等蔬菜腹接时,要求接穗比砧木晚播 7~10 天,砧木有 3~4 片真叶时嫁接。其具体做法是:先在砧木第 2 片真叶上方横切,再在第 2 片真叶着生处用与接穗粗细相当的竹签按 45°~60°角向下斜插一个深约 1cm 的孔;在接穗的第一片真叶着生处的下方约 0.3~0.5cm 处切断,削成楔形面,削面长约 1cm,再把削好的接穗插入砧木孔中,使砧木与接穗的切面紧密吻合。

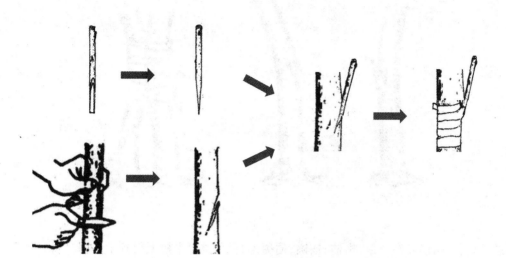

图 4.6　腹接

3）靠接法

靠接法分为合接法靠接、嵌接法靠接和舌接法靠接等。

（1）合接法靠接。生长季节，在砧木苗上选光滑无节部位削 1 个 3～4cm 长的削面，露出形成层。然后在接穗苗上选光滑无节部位削相似长度的削面，露出形成层或削到髓心。最后将两者绑缚在一起等两者愈合后再进行剪砧、剪穗，培育成苗。

（2）嵌接法靠接。在砧木上挖一 3～5cm 长的凹形缺口，在接穗上刻一凸形削面，然后将两者对准形成层进行相嵌，等两者愈合后进行剪砧、剪穗，培育成苗。

（3）舌接法靠接。在砧木和接穗一侧削相应的舌状切面，相互接入等两者愈合后进行剪砧、剪穗，培育成苗。

靠接法除在果树等木本植物上应用外，其中的舌接法在蔬菜上也得到了广泛应用。南瓜上接黄瓜时，首先在黄瓜子叶下部 1～1.5cm 处呈 15°～20°角向上斜切一刀，深度达胚轴直径 3/5～2/3；然后去除砧木生长点和真叶，在其子叶节下 0.5～1cm 处呈 20°～30°角向下斜切一刀，深度达胚轴直径 1/2，砧木、接穗切口长度 0.6～0.8cm；最后将砧木和接穗的切口相互套插在一起，用专用嫁接夹固定或用塑料条带绑缚好。具体操作方法见图 4.7。

4.2.2.3　根接法

根接法是以根系作为砧木，在其上嫁接接穗的方法。用作砧木的根可以是完整的根系，也可以是一个根段。如果是露地嫁接，可将粗度为 0.5cm 以上的根系截成 8～10cm 长的根段，再移入室内进行嫁接。适合月季、猕猴桃等园艺植物。

4.2.2.4　茎尖嫁接

又称作微型嫁接，即指一种在试管内将砧木与接穗进行嫁接的技术，它是组织培养快繁与嫁接技术的结合。微嫁接是一种非常实用的技术，可不受时间限制，不占用土地，在试验室内

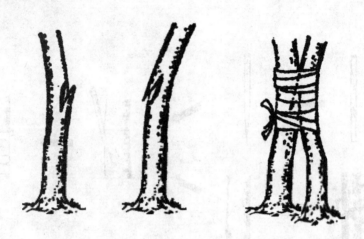

图 4.7   舌接法靠接

常年进行。目前,已经在苹果、柑橘、核桃、葡萄、油梨和桃等果树上得到了运用。

在进行柑橘的茎尖嫁接时,将砧木苗从试管中取出,短根不切,把较长的根切至 4～5cm。去掉子叶和腋芽,在上胚轴切口处切出倒 T 字形缺口。将梢尖放置于显微镜下的无菌培养皿内,把小叶慢慢剥离,直到剩下 2～3 片叶原基和顶端分生组织时,即从基部起高度在 0.2～0.4mm 处,将茎尖切下,并立即镶嵌到制备好的幼嫩砧木的倒 T 字形缺口上。应该注意的是,在除去小叶时,越向中间,叶越柔弱细嫩。若不小心,易将顶端分生组织和幼叶一同切掉。为了避免感染病原菌的组织传到无感染的组织上去,在每切一个外植体后,都要换用一套割离工具。在嫁接过程中,还要掌握砧木倒 T 字形缺口的切取方法:先在垂直于茎的方向离切口表面约 1mm 处,横切一刀,接着在切线中间取 0.5mm 的宽度处,朝着去顶表面切两刀,再把两刀之间的砧木去掉,一个倒 T 字形的切口就显现出来了。嫁接时,一定要使茎尖底部和砧木切口表面层紧密贴紧。

4.2.3   嫁接后的管理

4.2.3.1   挂牌

挂牌的目的是防止嫁接苗品种混杂,生产出品种纯正,规格高的优质种苗。要求附上标签,标明树种或品种、嫁接日期、数量等。

4.2.3.2   成活率检查与补接

对于生长季的芽接,接后 7～15 天则可检查成活率。T 形芽接中,叶柄一触即落即表明:叶柄基部的细胞成活,离层已经形成,是嫁接成活的体现。如果没有成活,可以换一个方向补接一次。若时间已晚,皮层不易剥开,可等翌年春天再进行枝接或夏秋进行芽接。成活后的植株不宜直接对砧木剪顶,待接芽长到 5～10cm 长时再剪除。芽接成活的植株当年可成苗。

其他方法嫁接的植株在 4 周后,若发现芽尖已萌发,说明已经成活;相反,则没有成活。枝接没有成功的应保留砧木上的重发新枝,待秋芽接或翌年春季枝接。靠接成功的,应在入秋后从接口下方把接穗从母株上剪下来;而没有成功的,应使砧木与接穗分开,待翌年再接。

4.2.3.3　温度管理

嫁接苗温度过低或过高都不利于接口愈合,影响其成活率。因此早春低温季节嫁接苗应在温床中进行,待伤口愈合后即可转入正常的温度管理。一般温度低于10℃就会自然进入休眠。

从嫁接至成活需要7~15天,需较高的温度,一般白天25~30℃,夜间20℃左右,但白天不能超过35℃,夜间不能低于15℃,可用电热线、加温温室提高温度。

嫁接苗成活后,一般白天20~28℃,25℃左右最为适宜,夜间12~18℃,15℃最为适宜。白天严格控制高温,以防止嫁接苗徒长。

蔬菜嫁接苗在定植前一周还需要进行低温炼苗,白天20℃左右,夜间12℃左右。

4.2.3.4　湿度管理

嫁接结束后,应立即保湿,尤其是前3天的空气湿度保证在90%以上。有保护设施的,可以直接放入棚室内,喷雾保湿,4天后,逐步通风;没有的,要注意伤口保湿。

嫁接苗成活后,应及时撤掉保护设施,转入正常湿度管理。

4.2.3.5　光照管理

嫁接后的头3天,苗床要用遮阳网或草帘遮阳,避免阳光直射而导致嫁接苗萎蔫。从第4天开始每天早晚要让苗床接受短时间的太阳光直射,以后随着嫁接苗的成活与生长,逐渐延长光照时间,防止嫁接苗陡长。

4.2.3.6　其他管理

1) 断根

靠接苗在嫁接后第10天左右,接穗完全正常生长后,用刀片从嫁接部下位把接穗苗茎紧靠嫁接部位切断,使接穗与砧木进行共生。切断的接穗苗残茎要拔出,集中处理,断根前一天,要浇足底水,断根后前3~4天内,接穗因供水不足易萎蔫,需遮阴,通常1周后恢复生长,此时可撤掉遮阳物,保证水分供应。

2) 除蘖

嫁接成活后应尽早地、反复多次地除蘖(摘掉砧木萌发出的侧芽)。

3) 营养补充

结合补水追施0.2%~0.4%尿素和0.2%~0.4%磷酸二氢钾1~2次。

4) 去除包扎

嫁接成活的植株可在秋季嫁接伤口完成愈合后拆除。如果遗漏拆除,会影响植株生长,增加萌蘖。

4.3　机械化嫁接技术

传统嫁接育苗操作不便,费时费力,且受个人技术限制,难以保证较高质量和批量生产。为提高嫁接效率、降低劳动强度,部分园艺植物(如桃、黄瓜等)已采用了机械化嫁接育苗技术。机械化嫁接技术集机械/自动控制与园艺技术于一体,可在短时间内,使嫁接速度大幅度提高;同时由于砧、穗接合迅速,避免了切口长时间氧化和苗内液体的流失,从而大大提高嫁接成活率。桃树机械化嫁接时采用的半自动式嫁接机,最高生产率可达 310 株/h,成功率在 90%。

4.3.1　套管式嫁接法

此法适用于黄瓜、西瓜、番茄、茄子等蔬菜。它首先将砧木的胚轴或茎沿其生长方向 25°~30°斜向切断,在切断处套上嫁接专用支持套管,套管上端倾斜面与砧木斜面方向一致。然后,瓜类在接穗下胚轴上部,茄果类在子叶上方,按着上述角度斜着切断,沿着与套管倾斜面相一致的方向把接穗插入支持套管,尽量使砧木和接穗的切面很好地压附靠近在一起。嫁接完毕后将幼苗放入驯化。

图 4.8 为李平等人报道的番茄套管嫁接方法。1 月底至 2 月初(春季栽培)或 6 月底至 7月初(秋季栽培)播种育苗,40 天后(春季栽培)或 20 天后(秋季栽培)当砧木和接穗长有 3~4片真叶,切口茎粗 3mm 左右时嫁接。嫁接前 1 天将砧木和接穗苗浇一遍水,并喷 75%百菌清杀菌。嫁接时,砧木切口位于两片子叶或一片真叶之上约 1cm 处,由下向上 30°倾斜削出;接穗切口在子叶和第一片真叶之间,由上向下 30°倾斜削出。在砧木切口上插入套管,然后再往套管里插上接穗,让两切面吻合。套管太松的,需要进一步用嫁接夹固定。

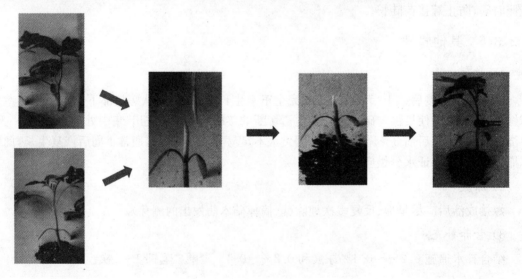

图 4.8　套管式嫁接

4.3.2　单子叶切除式嫁接法

为了提高瓜类幼苗的嫁接成活率,人们还设计出砧木单子叶切除式嫁接法。即将南瓜砧木的子叶保留一片,将另一片和生长点一起斜切掉,再与在胚轴处斜切的黄瓜接穗相结合的嫁接方法。砧、穗的固定采用嫁接夹比较牢固，也可用瞬间黏合剂涂于接穗与砧木接合部周围。

4.3.3 平面嫁接法

平面嫁接法主要用在自动化嫁接机上。该法将砧木和接穗平切，固定物不是可重复利用的嫁接夹或套管，而是喷涂一种生物胶粘合砧木和接穗，嫁接苗成活后不需去除，这种方法作业速度快，但生物固定胶成本较高。

4.3.4 断根直插嫁接法

断根直插嫁接法的操作过程如图 4.9 所示。

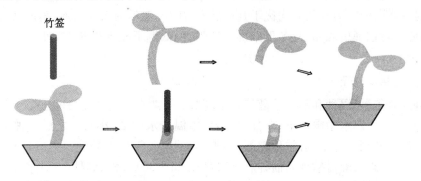

图 4.9 断根直插嫁接法

西瓜断根直插嫁接时的具体做法为：准备一根粗细和接穗相似，但顶部约为 35°斜面的竹签。然后在接穗子叶下 1.5cm 处斜着切断，切口要求与竹签切口能够吻合。接着将砧木在近营养土处水平切断，并用竹签斜面垂直插入砧木顶端约 1cm 深处，最后把接穗插入孔内，稍加固定即可。

4.4 嫁接育苗案例

4.4.1 西瓜苗的嫁接繁育

西瓜是一种比较常见的水果，深受人们的喜爱。但西瓜枯萎病却严重威胁着西瓜栽培，为提高西瓜品质，控制这一病害的发生，我国在 20 世纪 70 年代首次将嫁接技术应用到西瓜冬季生产上，成功解决了这一问题。

在西瓜的嫁接繁殖中，生产上采用离土嫁接的方法进行嫁接，嫁接时砧木可在播种箱或苗床中撒播，播种密度每平方米 1 500～2 000 粒种子。同样也有采用不离土嫁接的方法嫁接。这种方法在嫁接时则应在营养钵或穴盘中点播，每钵播发芽种子 1 粒。接穗种子播种大多采用撒播。一般每平方米撒播种子 2 000 粒左右。

4.4.1.1　砧木和接穗

1) 砧木类型

西瓜砧木选择时掌握以下原则:嫁接亲和力好;高抗枯萎病;对西瓜品质、结果无不良影响。

常用的砧木有葫芦、瓠瓜、南瓜、冬瓜、西瓜等。这些材料也各有优缺点。从亲和性上看野生西瓜、葫芦、瓠瓜较好。它们的嫁接成活率高,未发现与西瓜不亲和的品种,表现了稳定的亲和性。南瓜的共生亲和力在种类和品种上存在很大差别,只有少数几个品种表现不错,但仍出现嫁接不亲和。从抗病性上看,南瓜砧木抗瓜类枯萎病的能力最强,用它作砧木防止西瓜枯萎病发生是没有问题的。葫芦、冬瓜等的稳定抗病性不如南瓜。从对西瓜品质的影响上看,以葫芦、瓠瓜砧木较好,嫁接后西瓜品质稳定。南瓜砧的西瓜钙、镁含量较高,但粗纤维也较高,致使瓜瓤较硬,瓜皮较厚。综上所述,西瓜嫁接栽培以南瓜砧木的亲和性较差,对西瓜品质有一定影响,但抗病性、耐寒力和长势均优于其他砧木;葫芦、瓠瓜的亲和力强,西瓜品质稳定,但抗病性稍差,应注意选择抗病品种;冬瓜砧抗旱性强,但低温下根系生长差,推迟生育期,故应用较少。

2) 砧木与接穗培育

种子处理有晒种、浸种和消毒杀菌等几个环节。一般在1月底至2月初,对种子晒种1～2天后,于60～70℃热水中浸种子30分钟,转入室温清水中24小时。之后将种子捞出,清洗干净。用作砧木的葫芦种子,通常种皮厚,种子不易开裂,需破尖处理。之后将种子放入恒温箱中催芽,当种子露白即可播种。播种后的穴盘在25～30℃、相对湿度85%左右条件下诱发出苗。出苗后温度控制在白天20～25℃,晚上18℃以上。同时,注意及时脱帽。

一般砧木种子播种5～7天后,西瓜即可播种。如果西瓜播种过迟,砧木会出现空心,对嫁接成活率影响很大。

4.4.1.2　西瓜嫁接的方法

西瓜嫁接的方法有插接法、劈接法和靠接法,其中,最常用的是插接法。劈接法、靠接法由于效率低等原因,生产上已应用得越来越少。

1) 插接法

先用刀片或竹签将砧木生长点及侧芽削掉,然后用竹签尖头从砧木一侧子叶脉与生长点交界处按75°角沿胚轴内表皮斜插一孔,深为7～10mm,以竹签先端不划破外表皮、握茎手指略感到插签为止。用刀片自接穗子叶下1～1.5cm处削成斜面,斜面长7～10mm,然后随即把接穗削面朝下插入孔中,使砧木与接穗切面紧密吻合,同时使砧木与接穗的子叶呈十字形。

2) 劈接法

先去除砧木的生长点,用刀片从两片子叶中间沿下胚轴一侧向下纵向劈开1～1.2cm。注意不要将整个下胚轴劈开。然后将西瓜接穗下胚轴两面各削一刀,削面长1～1.2cm,把削好的接穗插入砧木劈口内,用拇指轻轻压平,用嫁接夹固定或用塑料薄膜条扎紧即可。

3) 靠接法

先将砧木生长点去掉,在砧木的下胚轴上端靠近子叶节0.5～1cm处,用刀片作45°角向下削一刀,深达下胚轴的 1/3～1/2,长约 1cm。再在接穗的相应部位作 45°向上斜削一刀,深达胚轴的 1/2～2/3,长度与砧木接口相同。最后自上而下把砧木和接穗两舌状切口相吻合,用嫁接夹子或地膜带捆扎,使切面密切结合。

4.4.1.3　嫁接时的注意事项

采用靠接时,砧木与接穗根基部相距 1cm。栽苗时,接口处应高出土面约 3cm。嫁接后 2 天,要求白天气温 25～28℃,不低于 20℃,土温 26～28℃,嫁接后 36 天,控制白天气温 22～28℃,夜间 18～20℃、土温 20～25℃。定植前 1 周。气温白天宜 22～25℃,夜间宜 13～15℃。气温低于 10℃或超过 40℃都会影响嫁接苗成活率,晴天应进行遮光,防止高温,夜间应进行覆盖保温。

4.4.1.4　嫁接后的管理

嫁接后棚顶用覆盖物覆盖遮光,以免高温和直射光引起接穗凋萎。从嫁接到成活需 7～10 天,接后第 3 天开始,在早上、傍晚除去覆盖物接受散射光各 30 分钟左右;第 4～5 天早晚分别给光 1 小时和 2 小时;5 天以后视苗情生长状况逐渐增加透光量,延长透光时间;1 周后只在中午前后遮光,逐渐撤除遮盖物,并加强通风,经常炼苗;10～12 天以后按一般苗床的管理方法进行管理。

嫁接后伤口没有愈合,保湿浇水,但不能浇在秧苗上。及时抹除砧木上萌发的侧芽,注意疫病防治。当嫁接苗有 1～2 片真叶萌发时,即可移植大田,一般嫁接后 2～3 周即可种植。

4.4.2　桃树嫁接苗繁育

4.4.2.1　嫁接时间的选择

实践中常按嫁接的时间习惯采用春夏两季嫁接。其实秋冬季也可以嫁接,这样能增加收益,其方法如下:

1)春季嫁接

春季嫁接时间为 2 月中旬至 4 月底,此时砧木水分已经上升,可在其距地面 8～10cm 处剪断,用切接法嫁接上品种接穗即可。此法成活率可达 95%以上。

2)夏季嫁接

夏季嫁接时间为 5 月中旬至 8 月上旬,此时树液流动旺盛,桃树发芽展叶,新生芽苞尚未饱满,是芽接的好时期。可在生长枝或发芽枝的下端削取休眠芽作接穗,在砧木距地面 10cm 左右的朝阳面光滑处进行芽接。2 周后接口部位明显出现臃肿,并分泌出一些胶体,接芽眼呈碧绿状,就表明已经接活。

3)秋季嫁接

秋季嫁接时间为 7 月下旬至 9 月下旬,此时当年新生芽苞叶片已成,可削取带有叶柄的接穗进行芽接。嫁接后七八天,如果保留的叶柄一触即掉,则证明嫁接成活。

4）冬季嫁接

冬季嫁接从 11 月初至翌年 1 月底,砧木树液已经停止流动,此时可采用根茎嫁接法。即把根茎上端的砧干剪掉,扒去根茎周围土壤进行嫁接,枝接后轻轻地将湿润的细土覆盖在周围并让接穗露出少许,再盖上地膜,起到保墒、保温和防旱的作用,以利越冬。翌春,凡成活接穗会迅速发芽,于是在 3 月中下旬至 4 月上旬揭去地膜即可。剪枝留砧是指对需要嫁接改良的果树进行剪伐,去掉果树原有的绝大部分枝条,留下适合嫁接的树枝,并剪成适当长度的短枝。

4.4.2.2　嫁接后的管理

1）及时检查补接

早春嫁接后 15～25 天,夏季嫁接后 7 天,秋接后 10 天可检查成活率。接穗或接芽变黑或变褐则表明嫁接不成功。若成活率过低,可及时进行补接。

2）施足肥浇足水,加速接枝生长

果树嫁接后视树体大小酌量埋施农家肥 5～25kg,磷酸二氨 0.50～2.50kg。采取环状或星形施肥法,开沟深度 20～40cm,可结合根剪疏除部分衰老的侧根。施肥后浇足水,保持根盘湿润。施肥也可以提前进行,即春季嫁接改良于上年秋施肥,夏接于初春施。

3）加强幼枝护理,防止狂风吹折

嫁接后接枝开始生长时,要略松一下包扎物,但不要完全松开,等幼枝长到 10cm 长时,取木棍或作物秸秆若干,一半固定在主干或主枝上,一半围拢住幼枝,并用细绳缠绕以保护幼枝。幼枝固定稳妥后,取小刀将嫁接时的包扎物一并割断,以利其生长。

4）除萌

及时除去砧树萌蘖,减少对接枝的养分争夺。但是面临补接的果树,应区别对待:一种情况是上一个季节嫁接不成功,需在下一个季节补接的果树,应放任砧树萌蘖生长;另一种情况是夏季嫁接不成功,补接对果树根系影响过大,应放弃补接,放任砧树萌蘖生长。

5）接枝修剪

对生长过旺的接枝在适当高度"摘顶",可促进二次枝萌发和生长;对于密集生长的旺长枝和竞争枝,采用拿枝、牵引补空等方法处理,不用或少用短截、疏除修剪方法。

4.4.3　黄瓜苗的机械化嫁接繁育(以套管式嫁接为例)

4.4.3.1　嫁接的适宜时期

对瓜类幼苗嫁接成活率影响最大的因素是嫁接时幼苗的生育时期。适宜的时期是砧木、接穗的子叶刚刚展开时,如用播种后的天数表示,在 28～30℃ 的发芽温度下,为 5～6 天。黄瓜的最适时期仅限于 1 天。嫁接时,接穗如果过大,成活率则降低,如果过于幼小,虽然不影响成活率,但以后的生长发育迟缓。另外嫁接操作也比较困难。

4.4.3.2　嫁接的操作

嫁接前对砧木要充分灌水,湿润土壤。嫁接时把砧木和接穗放在操作台上,具体操作方法是:①将砧木的下胚轴斜着切断;②在砧木切断处套上专用的嫁接支持套管;③将接穗的下胚轴斜着切断;④把接穗插入支持套管。嫁接时砧木、接穗的切断角度应尽量呈锐角;向砧木上套套管时应使套管上端的倾斜面与砧木的切断倾斜面方向一致;向套管内插入接穗时,也要使接穗切断面与套管的倾斜面相一致,在不折断、损伤接穗的前提下,尽量用力下插,使砧木与接穗的切断面很好地压附。

4.4.3.3 嫁接后的管理

1)温度

嫁接后前3天温度要求较高,白天保持28～30℃,晚上22～24℃,温度高于32℃时要通风降温,以后几天根据苗情温度适当降低2～3℃。8～10天后进入正常管理。

2)湿度

嫁接后前2天湿度要求95%以上,低湿时要喷雾增湿,但注意叶面不可积水。随着通风时间加长,湿度逐渐降低到85%左右。7天后根据愈合情况接近正常苗湿度管理。

3)光照

嫁接后前2天要遮阳,以后几天早晚见自然光,并视情况逐渐延长见光时间,可允许轻度萎蔫。8～10天可完全去除遮阳网。

4)通风

一般情况下嫁接后前2天要密闭不通风,只有温度高于32℃时方可通风,嫁接后第3天开始通风,先是早晚少量通风,以后逐渐加大通风量,延长通风时间,对萎蔫苗盖膜前要喷水。8～10天后进入苗期正常管理。

思考题

1. 嫁接育苗能否产生变异苗?它的遗传学基础是什么?
2. 根据嫁接原理和拟定园艺植物的生物学特征,尝试设计新的机械化嫁接育苗技术。

5 扦插育苗

扦插繁殖是无性繁殖的一种,无性繁殖是指不经生殖细胞结合的受精过程,由母体的一部分直接产生子代的繁殖方法,包括分生、扦插、压条、嫁接和组织培养繁殖及植物的无融合生殖等。

扦插繁殖是用植物营养器官的一部分(如茎、叶、根等)作为繁殖材料,在适当的环境条件下,利用植物本身的分生功能或再生能力,经过一段时间产生新根、茎叶,进而成为一株新的植物体。它具有有性繁殖所不具备的优点:由于插条采自植株上的某一器官,故遗传性状稳定,一般情况下不会发生变异,可以保持母体植株品种的优良特性;扦插苗自己生出根系,容易种植成活;繁殖出的苗木商品性状一致,可提高苗木的商品价值;可使一些不具备种子繁殖的品种得以延续;与播种苗相比,扦插苗成苗快、株型齐。缺点:不易发生变异,适应外界环境条件的能力差;繁殖方法不如有性繁殖简便;有些依靠种子繁殖的植物长期靠无性繁殖可能会导致根系不完整,生长不够健壮,寿命短。

5.1 扦插育苗原理

根据截取植物体的部位不同,扦插可分为枝插、叶插、叶芽插和根插等。用茎(枝)作插穗、近似垂直入的叫枝插,其中枝条木质化程度高(充分木质化)的叫硬枝扦插,枝条木质化程度较低(未木质化或半木质化)的叫嫩枝(软枝)扦插;用根作插穗的叫根插(或埋根);用叶片作插穗的叫叶插,叶插又分为全叶插、片叶插和鳞片插;用一芽附带一片叶作插穗的叫叶芽插;用茎干(枝)作插穗平行埋入的叫埋条(或埋干)。

按选材不同,扦插可划分为硬枝扦插、嫩枝扦插、根插、芽插和叶插等。用已木质化的一年生或多年生枝进行扦插叫硬枝扦插;用未木质化或半木质化的新梢,随采随插的扦插就是嫩枝扦插;根插法是切取植物的根插入或埋入土中,使之成为新个体的繁殖方法;叶插是指用叶脉处造成的伤口产生愈伤组织,然后萌发出新的不定根或不定芽,从而长成一棵新植株的方法。

插穗种类不同,成活的原理也不同。常见的枝插植物有葡萄、月季、杨柳、茶树、冬青、秋海棠和菊花甘蔗等。叶扦插繁殖的植物有毛叶秋海棠、虎尾兰和落地生根等。由于枝插应用最为广泛,在此重点介绍枝插生根的原理和影响枝插穗生根的因素。

5.1.1 扦插生根原理

根据枝插时不定根生成的部位,王涛等将植物插穗生根类型分为皮部生根型、潜伏不定根原始体生根型、侧芽(或潜伏芽)基部分生组织生根型及愈伤组织生根型4种。

1) 皮部生根型

皮部生根型是一种易生根的类型,属于这种生根类型的植物在正常情况下,随着枝条的生长,由于形成层进行细胞分裂,与细胞分裂相连的髓射线逐渐增粗,向内穿过木质部通向髓部,从髓细胞中取得养分,向外分化逐渐形成钝圆锥形的薄壁细胞群。多位于髓射线与形成层的交叉点上,这些薄壁细胞群称为根原始体,其外端通向皮孔。当枝条的根原始体形成后,剪制插穗。在适宜的环境条件下,经过很短的时间,就能从皮孔中萌发出不定根,因为皮部生根迅速,在剪制插穗前其根原始体已经形成,故扦插成活容易。如杨、柳、紫穗槐及油橄榄中一部分即属于这种生根类型。

2) 潜伏不定根原始体生根型

潜伏不定根原始体生根型是一种最易生根的类型,也可以说是枝条再生能力最强的一种类型。属于这种类型植物的枝条,在脱离母体之前,形成层区域的细胞即分化成为排列对称、向外伸展的分生组织(群集细胞团),其先端接近表皮时停止生长、进行休眠,这种分生组织就是潜伏不定根原始体,即潜伏不定根原始体在脱离母体前已经形成。只要给予适宜生根的条件,根原始体就可萌发生成不定根,吸收土壤中的水分,使插条内的营养物质水解,供给新梢及叶片生长,促使剪口处很快形成愈合组织和生根物质,最后导致大量生根,此时根原始体长出的根便衰退死亡了。如大叶黄杨、金钟花、月季、石榴、海棠、一品红等植物都有潜伏不定根原始体,凡具有潜伏不定根原始体的植物,绝大多数为易生根类型。

在扦插繁殖时,可以充分利用这一特点,促使其潜伏不定根原始体萌发,缩短生根时间,减少插穗自养阶段中地上部分代谢失调,从而提高了插穗的成活率。同时,也可利用某些植物如翠柏、圆柏、沙地柏等具有潜伏不定根原始体的特点,进行3~4年生老枝扦插育苗,缩短育苗周期,在短时间内(1个月)育成相当于2~3年实生苗大小的扦插苗。

3) 侧芽(或潜伏芽)基部分生组织生根型

侧芽(或潜伏芽)基部分生组织生根型普遍存在于各种植物中,不过有的非常明显,如葡萄;有的则差一些。但是插穗侧芽或节上潜伏芽基部的分生组织在一定的条件下,都能产生不定根。如果在剪制插穗时,下剪口能通过侧芽(或潜伏芽)的基部,使侧芽分生组织都集中在切面上,则可与愈伤组织生根同时进行,更有利于形成不定根。

4) 愈伤组织生根型

任何植物在局部受伤时,受伤部位都有产生保护伤口免受外界不良环境影响、吸收水分养分,继续分生形成愈伤组织的能力。与伤口直接接触的薄壁细胞(活的薄壁细胞)在适宜的条件下迅速分裂,产生半透明的不规则的瘤状突起物,这就是初生愈伤组织。愈伤组织及其附近的活细胞(以形成层、韧皮部、髓射线、髓等部位及邻近的活细胞为主且最为活跃)在生根过程中,由于激素的刺激非常活跃,从生长点或形成层中分化产生出大量的根原始体,最终形成不定根。这种由愈伤组织中产生不定根的生根类型叫愈伤组织生根型。将具有愈伤组织生根型的植物剪制的插穗置于适宜的温度、湿度等条件下,在下切口处首先形成初生愈伤组织,一方面保护插条的切口免受不良的影响;一方面继续分化,逐渐形成与插条相应组织发生联系的木质部、形成层、韧皮部等组织,充分愈合,并逐渐形成根原始体,进而萌发形成不定根。例如,雪松、杜鹃、山茶花、广玉兰、月桂等属于这种生根类型。

这种生根类型的植物,插穗愈伤组织的形成是生根的先决条件。愈伤组织形成后能否进行根原始体的分化,形成不定根,还要看外界环境因素和激素水平。如温、湿度不适宜或病菌等原因,常使插穗在扦插期间难以从愈合组织分化出根,致使插穗中途死亡。使这类植物扦插繁殖变得较为困难,如雪松、柏类和部分月季品种。与前几种生根类型相比较,所需时间更长,生根更加困难。凡是扦插育苗成活较困难、生根较慢的植物,其枝插穗的生根大多是愈伤组织生根,如月季、常春藤等。

嫩枝扦插的插穗,在扦插前插穗本身还没有形成根原始体,其形成不定根的过程和木质化程度较高的插穗有所不同。当嫩枝剪取后,剪口处的细胞破裂,流出的细胞液与空气氧化,在伤口外形成一层很薄的保护膜,再由保护膜内新生细胞形成愈伤组织,并进一步分化形成输导组织和形成层,逐渐分化出生长点并形成根系。

一种植物的生根类型并不限于一种,有的几种生根类型并存于一种植物上。例如黑杨、柳等,4种生根形式全具有,这样的植物就易生根,而只具一种生根型的植物,尤其如愈伤组织生根型,生根则具有局限性。

扦插时,枝条无论顺着正插还是倒着悬插,根都只能从形态下端生出,而枝条则从形态上端长出,即所谓"极性现象"。因此扦插时要特别注意不要倒插。茎组织具有很强的极性,根、叶次之。

5.1.2　影响扦插生根因素

扦插育苗过程是一个复杂的生理过程,影响因素不同,成活难易程度也不同。不同植物、同一植物的不同品种、同一品种的不同个体生根情况也有差异。这说明在插穗生根成活上,既与植物种类本身的一些特性有关,也与外界环境条件有关。

5.1.2.1　内因

1) 植物种类和插条的年龄及部位

插条生根成活首先取决于植物的种类或品种。种类或品种以及同一植物不同的部位,根的再生能力有很大差异。如连翘、菊花等枝插最易生根,玉兰等次之,山楂、酸枣根插则易成活,枝插不易生根。

插条年龄包括所采插条母株的年龄,以及所采枝条本身的年龄。插条所选母株应采自年幼的植株,因为母株年龄越小,分生组织生活力和再生能力就越强,所采下的枝条扦插成活率就越高;插条的年龄,以1年生枝的再生能力最强;选择母株根茎部位的萌蘖条作为插条最好,因其发育阶段最年幼,再生能力强,易生根成活。而树冠部位的枝条,由于阶段发育较老,扦插成活者少,即使成活生长也差。

2）枝条的发育状况

枝条发育是否充实,营养物质的含量,对插条的生根成活有很大影响。糖类和含氮有机物是发根的能源物质,插条内这些物质的积存量与插条成活率和苗株生长有密切关系。凡发育充实、营养物质丰富的插条,容易成活、生长也较好。正常情况下,植物主轴上的枝条发育最好,其分生能力明显大于侧枝。在生产实践中,有些树种带一部分二年生枝,常可提高成活率,这与二年生枝条中贮藏有较多的营养物质有关。

此外,插条的粗细与长短对于成活率和苗木的生长也有影响。插条由细到粗,形成层幼嫩的细胞层越厚,其生命力越强。但是插条过粗,木质化程度提高,不利于生根。生根试验表明,中等粗度的插条生根率最高。插穗过粗和过细,生根率皆低。插条的生根能力在一定程度上随插穗长度的增加而增强,但超过一定长度生根率的变化并不显著,即使是长插穗,生根能力也不见得增强。因此在生产实践中,根据需要和可能,应掌握“粗枝短截,细枝长留”的原则。

插条上的芽是形成茎干的基础。芽和叶能供给插条生根所必需的营养物质和生长素、维生素等,有利于生根,尤其是对嫩枝扦插更为重要。因此在生产实践中,在避免叶片过多引起蒸发量过大的情况下,尽量保持较多的叶和芽,使其能制造养分供应生根。

5.1.2.2　外因

1）扦插基质

扦插基质应具有良好的水、肥、气、热供应和协调能力,不含容易发霉的杂质,并能保持一定的湿度。生产上常采用珍珠岩、蛭石、泥炭等作扦插基质。扦插基质使用前必须消毒,可用1/1500的高锰酸钾溶液或50％多菌灵溶液均匀浇洒。

2）温度

露地落叶植物的扦插适温略低于原产于热带的植物。一般气温高,枝条易于发芽,但地温低不利于发根,往往造成假活,导致枝条死亡。所以,早春扦插需要注意提高地温。落叶植物扦插的最适气温为 20～25℃,原产于热带的植物扦插的最适气温为 25～30℃。土温为 10℃以上或略高于平均气温 3～5℃时,就可以满足生根需要。一年中最适宜的扦插时间在 5～6月间和 8 月下旬～9 月间。

3）水分

扦插后,插条需保持适当的湿度。要注意浇水,使土壤水分含量保持在 60％～70％,大气相对湿度以 80％～90％为宜,以避免插条水分散失过多而枯萎。目前有些条件好的地区采用露地喷雾扦插,增加空气湿度,大大提高了扦插成活率。

嫩枝扦插对空气湿度要求更高,因此应注意经常喷水或覆盖,保持空气相对湿度始终在85％～90％以上。

4）氧气

氧气对扦插生根也很重要。如果扦插基质通气不良,插条会因缺氧而影响生根。

5）光照

光照可提高土壤温度,防止病菌滋生,促进插条生根。带叶的绿枝扦插,光照有利于叶进行光合作用制造养分,在此过程中所产生的生长激素有助于生根。但是强烈的直射光照会灼伤幼嫩枝条。因此,需要适当遮阴。

5.1.3　促进生根方法

5.1.3.1　机械处理

机械处理有剥皮、刻伤等方法,主要用于不易成活的木本植物扦插。

1) 剥皮

对枝条木栓组织比较发达,较难发根的植物,插前先将表皮木栓层剥去,对发根有良好的促进作用。剥皮后能加强插条吸水能力,幼根也容易长出。

2) 纵刻伤

用手锯在插条基部第 1~2 节的节间刻划 5~6 道伤口,刻伤深达韧皮部(以见绿色皮为限度),对刺激生根有一定效果。在植物用生长素处理时,刻伤能增加植物对生长素的吸收,促进生根。

3) 环剥

剪枝条前 15~20 天,对将作插条的枝梢环剥,宽 3~5mm。在环剥伤口长出愈伤组织而未完全愈合时,剪下枝条进行扦插。

4) 缢伤

剪枝条前 1~2 周,对将作插穗的枝梢用铁丝或其他材料绞缢。

剥皮、纵刻伤、环剥、缢伤之所以能促进生根,是由于处理后生长素和糖类积累在伤口区或环剥口上方,并且加强了呼吸作用,提高了过氧化氢酶的活动,从而促进细胞分裂和根原体的形成,有利于促发不定根。

5.1.3.2　黄化处理

扦插前选取枝条用黑布、泥土等封裹,遮阳 3 周后剪下扦插,易于生根。原理是黑暗促进根组织的生长,解除或降低植物体内一些物质如色素、油脂、樟脑、松脂等对细胞生长的抑制,阻碍愈伤组织的形成和根的发生。

5.1.3.3　温水处理

有些植物枝条中含有树脂,常妨碍插条切口愈伤组织的形成且抑制生根。可将插条浸入 30~35℃的温水中 2h,使树脂溶解,促进生根。

5.1.3.4　加温处理

早春扦插常因温度低生根困难,需加温催根,方法有温床和冷床两种。

1) 温床催根

即用塑料薄膜温床、阳畦和火炕等。方法是:底部铺一层砂或锯木屑,厚 3~5cm,将插条成捆直立埋入,捆间用湿砂或锯木屑填充,但顶芽要露出。插条基部温度保持在 20~28℃,气温最好是在 8～10℃以下。为保持湿度,要经常喷水。该处理利于根原体迅速分生,而因气温低芽则生长缓慢。另外,还可用火炕或电热线等热源增温。

2) 冷床催根

将插条倒插于阳畦床内湿润的细砂中,上部接近生根部位盖一层马粪以增加温度。温度保温在 20～28℃,约 20 天后发根。该方法可操作性差。

5.1.3.5 化学药剂处理

药剂处理能显著增强插条的新陈代谢作用。常用的化学药剂有高锰酸钾、醋酸、二氧化碳、氧化锰、硫酸镁、磷酸等。高锰酸钾溶液处理插条,可以促进氧化,使插条内部的营养物质转变为可溶状态,增强插条的吸收能力,加速根的发生。一般采用的浓度为 0.03%～0.1%,对嫩枝插条用 0.06%左右的浓度处理为宜。处理时间依植物种类和生根难易不同。生根较难的处理 10～24 小时,较易生根的处理 4～8 小时。

5.1.3.6 生长调节剂处理

在植物的扦插繁殖中,为促进生根,常对扦插材料进行一定的处理。目前以对生长调节剂种类、使用的浓度、处理方式(浸、蘸)、处理时间的使用效果以及插条是否带叶、有无顶芽对生根影响的研究居多。生长调节剂处理可促进插条内部新陈代谢,提高水分吸收,加速贮藏物质分解转化;同时促进形成层细胞分裂,加速插条愈伤组织形成。生长调节剂有很多种类,最常用的是生长素类,如萘乙酸、ABT 生根粉、吲哚乙酸、吲哚丁酸等。生长调节剂处理方法有液剂浸渍、粉剂蘸粘。

1) 液剂浸渍

硬枝扦插时一般用 5～10mg/L、浸 12～24 小时;嫩枝扦插一般用 5～25mg/L、浸 12～24 小时。此外,用 50%乙醇作溶剂,将生长激素配成高浓度溶液,将枝条基部浸数秒钟,对易生根树种有较好作用。

2) 粉剂蘸粘

一般用滑石粉作稀释填充剂。配合量为 500～2 000mg/L,混合 2～3 小时后即可使用。将插条基部用清水浸湿、蘸粉后扦插。用 ABT 生根粉溶液处理半木质化枝条,生根率达 80%。

应用生长素时注意:生长素浓度过大时,其刺激作用会转变为抑制作用,使有机体内的生理过程遭到破坏,甚至引起中毒死亡。生长素使用的最佳浓度因植物种类、插条类型、使用方法而异,一般是草本植物的使用浓度低于木本植物,幼嫩未木质化插条的使用浓度低于半木质化插条。

除生长素外,赤霉素、脱落酸和乙烯等对不定根形成也有影响。通常认为赤霉素和 ABA 是一种抑制物质,不利于生根;而乙烯对植物不定根形成有促进作用。

5.1.3.7 其他处理

一些营养物质也能促进生根,如蔗糖、葡萄糖、果糖、氨基酸等。丁香、石竹等插条下端用 5%～10%蔗糖溶液浸泡 24 小时后扦插,生根成活率显著提高。一般来说,单用营养物质促进生根效果不佳,配合生长素使用效果更为明显。

5.2　常规扦插育苗技术

不同植物枝条的再生能力不一样,因而根据其枝条的再生能力,可将植物扦插分为易生根型、较易生根型、难生根型。就是同一生根型,采穗母树的年龄不同,其生根能力的差异也很大,即使同一龄级不同植株之间枝条的生根能力亦不同。因此,当我们进行扦插育苗时,首先要了解扦插植物是属哪一种生根类型,然后尽量采取幼龄植物或幼龄化的枝条作插穗。而对同一种植物则除了要选择优良单株或品系外,还要在这些优良单株与品系中选出易生根的类型进行优良无性系的培育。

5.2.1　采穗母株的选择与培育

5.2.1.1　采穗母株的年龄

树种、品种不同,扦插生根难易不同。在相同的树种、品种中,插条的生根能力一般随母树年龄的增加而降低,母树的年龄越大则生根率越低。多数学者认为,幼龄母株母枝童性强,充实健壮,生活力强,新陈代谢旺盛,其木质化程度低,分化能力强,因此生根容易。老龄母株,因为成熟作用,其生理衰老(老化效应)或生理成熟的组织,比生理幼嫩的组织发根率低,发根数量少,发根期长。同一母树,季节不同,生根能力也有差异。从母树基部萌条上选取的插条,比从树体多年生枝段上选取的插条容易生根。因此应尽量选择幼龄植株上的枝条或萌芽条作插穗。园林植物可以选采穗圃、实生苗或绿篱化修剪的枝条作插穗。

5.2.1.2　插穗的成熟度

根据插条成熟程度不同,可以把插条分为硬枝与嫩枝扦插两种类型。嫩枝扦插也称绿枝扦插,原理是利用植物在生长发育过程中未木质化或半木质化的枝条进行扦插,由于嫩绿枝条处于生长发育阶段且未木质化,枝条内富含各种生长激素,细胞分生组织十分活跃,易产生愈伤组织。同时由于嫩绿枝条木质化程度低,组织幼嫩,插条下切口髓组织所占比例大,利于激素的运转,茎尖和叶片产生生长素后,通过韧皮部转移到插条基部,刺激生根。所以嫩枝扦插生根率和成活率较高。硬枝扦插又称休眠枝扦插,从落叶到翌年萌芽前为止,插条内贮藏有大量养分,但由于硬枝完全木质化,因此根系不易形成。

不同植物扦插时,对插穗成熟度的要求不同。如果是休眠枝扦插,可用当年枝或隔年枝;如果是嫩枝扦插,在一般情况下,用当年生的半木质化枝条作插穗,而对某些阔叶树或常绿阔叶树,则以生长旺盛的嫩枝为宜。

叶插应选择叶片多、茎粗、芽饱满的粗壮老熟冠芽为宜,如菠萝叶插。

根插应选择当年生或1～2年生根系扦插为宜,如榆树用1年生,花椒用当年生侧根。

总之,应选择母株上生长健壮的营养器官作插穗。

5.2.1.3　扦插生根的处理

一般说来,对易生根的植物采取插穗处理方法及扦插繁殖技术可以粗放一些;对难生根的植物的插穗就要采取预处理及集约化扦插管理方法。

5.2.1.4　插穗长度的选择

对取下的插穗,应根据不同植物的种类及扦插育苗的目的决定插穗的长度、下切口的形状与留叶多少,这是插穗切割处理的三要点。

5.2.1.5　插穗的培育

有些植物有条件可进行培育,培育健壮枝条可提高扦插成活率。

1)修剪

取枝条之前,根据不同的植物情况采用不同程度的修剪,促使植物抽发出粗壮、叶大的枝条。

2)施肥

为促进枝条生长,插穗健壮,可适当增施氮肥,同时增施磷肥和钾肥。

3)防治病虫

在剪取前一周,用低毒长效的农药如马拉硫磷喷洒母树,以控制病虫的传播。

4)打顶

为促进留养枝条健壮成熟、腋芽饱满,一般在剪枝前10～15天摘去顶端芽叶,打破顶端优势,促进侧芽生长,如茶树等。

5.2.2　采穗及扦插时间

扦插时期,因植物种类、特性、扦插方法和气候不同而异。一般说来,植物一年四季均可进行扦插。可分为春插、夏插、秋插和冬插。春插是利用前一年生休眠枝进行扦插;夏插是利用新梢旺盛生长期或半木质化的枝条扦插;秋插是利用已停止生长、发育充实、营养物质含量丰富而抑制物质含量还未增加的当年木质化枝条作插穗;而冬插则是利用打破休眠的休眠枝进行温床扦插。

草本植物适应性较强,扦插时间要求不严,除严寒或酷暑外,其他季节均可进行。木本植物扦插可分为休眠期扦插和生长期扦插。落叶树大多采用休眠期扦插,少数也可以在生长期间扦插。常绿植物多在6～7月梅雨季节进行。

硬枝扦插宜在3月下旬至4月上旬,嫩枝扦插多在夏季6月上中旬,随采随插,还有些植物一年四季都可扦插。冬季插条一般在秋季落叶后到春季树液流动前的休眠期,结合树体的冬剪进行,选择一年生健壮,充分木质化,无病虫害的枝条。春季硬枝扦插的需进行冬季贮藏。

5.2.2.1　春季扦插

各种植物都适宜春季扦插繁殖。春季扦插的有利条件是插穗是前一年经过冬藏的休眠枝,生根抑制物质已转化,营养物质含量丰富。但存在着地上部分与地下部分萌发速度不一致,引起地上部分与地下部分生长速度不一致,从而引起养分、水分等代谢作用失调,因而春季扦插时间应在生长季节开始前,并要创造地下部分先发育,地上部分后萌动的扦插生根环境条件。

5.2.2.2　夏季扦插

夏插是利用植物当年旺盛生长着的嫩枝进行扦插。一般阔叶树采用高生长旺盛时期的嫩枝,而针叶树则多采用半木质化枝条。夏季扦插的有利条件是嫩枝处于旺盛生长时期,枝条内源生长素的含量高,代谢作用旺盛,细胞分生能力强;不利条件是枝条易蒸腾失水而引起萎蔫死亡。因此,夏季扦插对扦插环境条件的要求较高,必须提供高湿、适温的扦插环境,才能维持枝条水分代谢的平衡,提高嫩枝扦插生根率。

5.2.2.3　秋季扦插

秋插是利用发育充实、营养物质含量高,生长停止但未进入休眠期的枝条进行扦插。秋季扦插的有利条件是枝条发育充实,碳水化合物含量高,但抑制物质含量比休眠枝低。这时进行扦插应选择生长季节结束前一个月,以保证插条形成愈伤组织或不定根,为安全越冬打下基础。

5.2.2.4　冬季扦插

常绿树多在冬季进行扦插,南方往往直接扦插在苗圃地,经过冬季、早春生长成苗,而北方则在温室应用地热线进行温室育苗,采用低温扦插。

5.2.3　插穗的采取与剪截

插条中贮藏养分的多少与剪取时期有关。落叶树种在落叶之前叶子的营养运输到枝条及根中,使枝条内的营养、水分明显提高,所以要在落叶后剪取。北方地区作为扦插用的插条,最好在越冬前剪下并贮藏起来,这样可以减少春季的田间工作量,同时插条贮藏过冬比较安全,在田间越冬枝条容易失水、抽条,影响春季插条的成活率。插条的贮藏可采取埋藏和窖藏两种(见5.2.4.3)。

嫩枝扦插是选用当年生的枝条,数量少时随采随插,数量多时用湿布包起来或先泡在水中,而后随剪段随插入基质中。应从生长健壮、无病害的幼年母树采条,枝条要求半木质化,既不能太嫩,也不能木质化程度太高。半木质化的嫩枝,生命力强,容易产生愈伤组织,生根力强。

5.2.3.1　针叶树类

衫、桧、松、柏类等,采穗多利用枝条的中上部,或当年生枝条,一定要根据树形来采。生根性强与生根性不强的树种要区别对待。大规模采穗,多取当年生到一年生枝条,切口削在枝条基部。其采条时间多于夏末剪取半木质化新枝扦插,或在秋季及早春萌发之前采集当年生枝。对大多数针叶树种来讲,最不利的扦插时间是春末或夏初,因为这时新的枝条尚未半木质化而休眠枝已经萌动。针叶树采穗一般以中上部枝条为优。

5.2.3.2　常绿阔叶树类

如桂花、栀子、杜鹃、黄杨等树种,一般可采用当年生嫩枝作插穗,在生长季节都可采条。常绿树采条,以中、上部为优。经验证明,采用上部的枝条,其生根情况大多数比基部采的枝条优。这是因为常绿树的中上部生长旺盛,营养及代谢活动强。同时上部枝叶光合作用也强,这些都有利于生根。

一般来说,常绿树春、夏、秋、冬皆可扦插,而选择时间多结合树形修剪进行,通常以七八月份采条较好。

5.2.3.3　落叶阔叶树类

如杨树类、柳树类一些易于生根的树种,多采取嫩枝、萌芽枝或充实健壮的枝条。一些较难生根的树种,则采穗后,要进行加工处理,使切口光洁,切口应在侧芽基部。落叶阔叶树以硬枝插为主,从秋到第二年二三月份进行。其嫩枝采条时期,则与常绿阔叶树相同,而以全叶插穗生根效果最好,但应在全光喷雾条件下进行。

在植物的无性繁殖中,对一些枝插困难的植物如泡桐、洋槐,为了保持母本优良特性,一般用根插繁殖。如刺槐采用3～12mm粗的嫩根,切成6～12cm的插穗垂直扦插,则极易成活。

百合科中一些多肉植物,如蛇尾兰,叶插极易生根,所以成为这一科植物的主要繁殖方法,脂麻掌虽然分株、实生皆可繁殖,但是叶插还是常常被采用。

观赏植物中也用芽叶插,如油茶芽叶扦插育苗,还有山茶、日本珊瑚木、茶梅、柠檬、一品红(猩猩木)、印度橡胶树、大花枝子、小枝子、大叶冬青、茶、蔷薇类等都可以作芽叶插。

5.2.4　插穗处理

5.2.4.1　插穗防失水及干燥处理

1) 喷雾处理

采到扦插条后防失水处理是重要的一环。硬枝插穗失水较轻,嫩枝扦插失水较重,对一些易失水植物,除了做到随采随插外,针对其蒸腾量高,要采取水分补偿办法,以降低枝叶的蒸腾强度。

2) 清水浸泡处理

用清水浸泡插穗的基部,可以补充插穗的水分。但是在这种处理下,有些插穗茎部容易腐烂,嫩枝扦插尤其明显。休眠枝的浸泡时间可以长一些,如杉木失水回复的时间是12～24小时。

3) 插穗干燥处理

一些仙人掌科的植物,如昙花、令箭荷花、蟹爪兰、仙人掌、仙人球等采穗后,不能立即扦插,因切口多浆极易感染,常可导致腐败。一般是将插穗采集后,放置通风处,使其切口干燥,通常2～3天即能扦插。其他的如大戟科的霸王鞭、景天科的石莲花(翡翠莲花掌)、景天、大叶莲花掌、马齿苋科的半枝莲、马齿苋等,一些多肉多浆植物,扦插时切口都要干燥后再插。若立即扦插,可将切口涂以草木灰。

4）插穗砂内干燥处理

有些多乳汁的植物,可先插在干燥的砂土内,直至剪口干后,再浇水,以促使根组织形成。

5.2.4.2　插穗基部加工处理

插穗采集后,为了使其易于成活,应根据不同植物进行不同的基部加工处理。

1）切口加工处理

插穗采集后,要用利刃修齐切口,除了一些极易生根的树种(如柳树)外,一般采取不同的切口(如斜切)。用杨树做试验,以45℃切口比较好。还有斜度更大的马耳切,也是常采用的一种切法。另有一些木本植物如桂花、茶、木山杉、球桧以及槭树类等多采用双面切。另外还有一些草本植物,如菊、大理花等平切(直角切)即可。

2）枝条剪截处理

为了使插穗易于成活,剪枝时多在第一年枝条的基部带有两年生枝条,形如足踵者,叫踵插。这种枝条的剪法对一些树种比较有效,如栋树类、厚皮香、日本柯树等都采用踵插法。还有一种是倒丁字扦插,就是带了一段插穗前一年的枝条,其基部形态如一个倒转的丁字。这种插穗,不但适用休眠枝,也适用于绿技插,如瑞香、紫杉、日木岩柏等都用倒丁字插。

3）割插(挟石插)、径切插

对不易成活的花卉及树木,如蔷薇类、木豆、月桂、茶、梅、杜鹃等,可将插条基部割开,夹以石砾,然后扦插。

4）球插(团子插)

球插是在插穗的基部用湿泥包成一个泥团,然后扦插,如山茶、桂花、厚皮香等。日本京都山地区,大面积扦插杉木就是采用了团子插。方法是采用清洁的赤土,加水和成泥团,直径1～3cm。做成长形泥团子,这样对苗床的干旱以及苗土的不清洁都可起到部分保护作用。

5）馅插

馅插是球插法的发展,就是在泥团中间,包入河沙。这样使透气性能加强,使插穗生根更加容易。

6）泥浆插(包子插)

凡是有可能使插穗腐败的苗床土,以及过分干燥的环境苗床,都可以应用此法。将新鲜的无菌土加水混成浆状,用一根直径2.5cm的木棒插一个穴孔,然后倒入泥浆,在泥浆未干固前,把插穗插入,将周围土踏紧。实际上这种扦插方法是变相的团子插,扦插道理及作用两种插法基本上是一致的。

5.2.4.3　插穗贮藏

春季扦插,若是预先把休眠枝条剪下,贮存一个适当的时期,然后扦插,效果并不差,故此种方法很早就已盛行。据研究贮藏能使抑制物质转化,能促进生根。现将一般采用的贮藏方法介绍如下:

1) 土假植处理

土假植也叫埋条，是把插条竖立着栽植于土中。一般选排水良好、背风不向阳地区。假植时按需要开沟，顺着次序并排把苗木排好，要深一点斜埋着。把土轻轻地踏实，有的苗木需用苇帘覆盖。但是这种贮藏处理，在冬季寒冷季节里易受温度变化的影响，不宜长时期贮藏，只能做采穗后的处理，以作较短时间的埋存。

2) 沙埋藏处理

沙埋藏处理就是将插穗埋入土沙中，不但春季采条春插可以采用此法，冬季采条春季扦插同样有很好的效果。如日本秋田县，小板町扦插衫树苗时，挖 40cm 的深坑，上面铺上 2cm 的稻秸，在其上面并排放着杉树插穗约 12cm 厚，再在其上面铺 2cm 厚稻秸和 10cm 的土，然后上面原样再重复一层。最后在上面堆上土踏紧，周围修好排水沟，以防雨水侵袭。

因为贮条扦插是比较通行的一种方法，所以在各地有各种木头的埋条办法，大批量的插穗贮藏，多将插穗捆成捆，平放于坑内，用土埋好贮存，同样可取得较好的效果。

除用埋藏插条外，也可采用砂藏、马粪藏。在寒冷的地区还可以采用雪埋法，杉木及落叶树硬枝扦插，使用此法比较方便。

3) 窖藏处理

窖藏是将插穗放在窖内，用湿细沙铺成深 10～20cm 的放置层。将插穗并排插在砂层内，上面喷以细雾，使内部湿度达到 90% 以上，或者将插穗基部用聚乙烯封住，使其保持湿度；或将基部插入装有锯末的木箱里，因新鲜锯末，含有抑制物质，使用前应用水浸洗，使其水呈褐色时，弃去其水方能使用。

4) 人工低温贮藏处理

由于果实、蔬菜等进行低温贮藏获得成功，所以用低温处理插穗同样得到人们的重视。一般用 0～5℃处理即可。

5) C. T. M(Controlled Temperature Method)贮藏处理

这是一种气体贮藏方法，是为新鲜水果及切花贮藏运输而发明的一种方法。C. T. M 物质为一种液状物，由中草药分离出来，其化学成分和构造现在还不十分清楚。贮藏物放入一个有波纹厚纸垫的纸箱内，密封后放入 C. T. M 物质，使蒸发的水分和药品气体混合，以产生抑制作用。这是一种新兴的处理方法，尚待继续开发。

5.2.5　扦插基质

插穗生根率的高低，插床和插壤都是很重要的因子。为了保证插穗生根，插壤要具有适当的保水性与良好的透气性，要在高温多雨的条件下，防止插穗切口腐烂。

一般来说，对易生根的植物进行大面积扦插繁殖时，其插床用土比较粗放。多用大田土壤（包括壤土及砂质壤土）直接进行扦插，这种扦插育苗方法只要精心管理，可以取得较好的扦插育苗效果。

对于一些气候十分干燥，风特别大，比较寒冷的地区，以及一些不适合作扦插的地方，进行扦插育苗；或对一些难于生根的树种，或生根较慢的树种（如松树生根期可达半年以上）来说，对插壤的要求就非常高。因此在国内外关于这方面的研究也较多。R. MerieReuter 对扦插的基质有过概括的论述:针叶树用粗石砾、蛭石和珍珠岩、泥炭和沙、沼泽泥炭藓和蛭石;阔叶树用沼泽泥炭和粗砂。基质种类影响根系的形状,例如花旗松在不同的插壤中生长时,根的粗细、韧性和分枝情况各不相同。生长在沼泽泥炭藓比例大的基质上的植株比生长在沼泽泥炭藓比例小的基质上植株的根系细些,分枝也多些。随着沙的比例增加,发育出的根系就长些,分枝少些,韧性也差些。在辐射松、白云杉和黑云杉上均看到类似的情况。生长在 100%沙中的云杉插穗,根不但很长,而且没分枝,在插穗的基部还有破裂的趋势。

在扦插时使用的基质,多采取自然界的天然物质,也使用混合材料作基质。有些天然基质,如石英砂、赤土、鹿沼土、黑云母土、珍珠岩土、苔藓泥炭、可可椰子纤维等,这些材料的通气性、保水力、排水性都好,不含杂质,有利于防止插条下切口腐烂。

扦插基质的总体要求是保温、保湿、疏松透气、不带病菌,最主要的是透气性要良好,有利于生根。常见扦插基质的配制:

(1) 单一基质:100%泥炭、100%珍珠岩、100%沙等。

(2) 泥炭:珍珠岩=3:1 或 1:1。

(3) 泥炭:沙=3:1 或 1:3 或 1:1。

(4) 泥炭:珍珠岩:蛭石=1:1:1。

(5) 珍珠岩:蛭石:沙=2:1:1。

针对扦插对象选用不同基质,同时要对使用的基质有充分了解,注意其特性,加强管理,特别是针对全部是无机基质的配方,要注重水分和肥料的应用;在实际应用中可以选择分层铺垫基质,即上面铺垫一层一定厚度透气性良好的无机基质,下面铺垫有机基质,不仅有利于生根,还解决了后期脱肥问题。

5.2.6 扦插方法

5.2.6.1 硬枝扦插

用插条为已木质化的一年生或多年生枝进行扦插就是硬枝扦插。一般选择生长健壮且无病虫害的 1~2 年生枝条,于落叶后至第二年春季萌芽前采集。若在冬季采穗翌年春季扦插的,可将接穗打好捆,挖坑沙藏过冬。根据植物种类的特点,剪取时选择枝条芽质最佳部位截成适宜长度的插穗。落叶树种一般以中下部插穗成活率高,常绿树种则宜选用充分木质化的带饱满顶芽的梢作插穗为好。每个插穗保留 2~3 个芽,有些生长健壮的也可以保留 1 个芽。除了要求带顶芽的插穗外,一般树种的接穗上切口为平口,离最上面一个芽 1cm 为宜,如果距离太短,则插穗上部易干枯,影响发芽,常绿树种应保留部分叶片;下切口的形状种类很多,木本植物多用平切口、单斜切口、双斜切口及踵状切口等。容易生根的树种可采用平切口,其生根较均匀,斜切口常形成偏根,但斜切口与基质接触面积大,有利于形成面积较大的愈伤组织,一般为先形成愈伤组织再生根的树种所采用,并力求下切口在芽的附近。踵状切口一般是在接穗下带 2~3 年生枝时采用,上下切口一定要平滑,接穗截好后,以直插或斜插的方式插入已备好的基质中。

扦插密度视苗的大小而定,一般株距 5~15cm,行距 10~25cm。图 5.1 给出了蓝莓硬枝扦插示例。

| 扦插初期 | 扦插中期 | 扦插生根初期 | 扦插生根后期 |

图 5.1 蓝莓硬枝扦插

5.2.6.2 绿枝扦插

绿枝扦插又称嫩枝扦插。插条为尚未木质化或半木质化的新梢,随采随插的扦插就是绿枝扦插。草本植物、木本植物、仙人掌类、多肉植物等均适于生长季节进行嫩枝扦插繁殖 。

插条最好选自生长健壮的幼年母树,并以开始木质化的嫩枝为最好,因为其内含充分的营养物质,生命活动力强,容易愈合生根,但过嫩或已完全木质化的枝条则不宜采用。

为提高成活率,采下的嫩枝及时用湿布包好,置阴凉处,保持新鲜状态,不宜放在水中。插条长度应依其节间长短而有所不同,一般每一插条须有 3～4 个芽,长度一般是 10～20cm,剪口应在节下,保留叶片 1～2 枚,大叶片可剪去 1/2～1/3,以减少蒸腾。枝条顶梢由于过嫩,不易成活,不易作插条,应当去掉。

扦插的深度因植物种类不同而异。能从节间发出根的可深插,上面留出 1～2 个侧芽即可。扦插密度以插条上的叶片之间刚刚交接而不互相遮光为准。插后要及时喷水,使插条和基质紧密结合,然后放在室内或树阴下,盖上塑料膜保湿,中午掀开薄膜一角通风换气,保持合适的温度和较高的空气湿度。

对于扦插不易发根的木本植物,可用生长激素处理;也可用生根粉处理,用时先润湿插条基部,然后蘸粉后扦插。

5.2.6.3 根插法

根插法是切取植物的根插入或埋入土中,使之成为新个体的繁殖方法,又称为分根法。凡根上能形成不定芽的植物都可以进行根插繁殖,如杜仲、厚朴、山楂等树种的根具有萌发不定芽的特点。根插的根条可从母树周围挖取,也可在苗木出圃时,收取修剪下来或残留在土中的根段作材料,一般随采随插。但冬季挖取的根条,应贮藏在砂中待翌春扦插。用作根插的根条,直径应在 0.5cm 以上,过细的根条,出苗细弱,不宜选用。根条长度一般可剪成 10～15cm;有的须根过长或过多,可适当剪除一部分,避免栽植时卷成一团,不利生长。为区别根条的上下端,根的上端可剪成平口,下端为斜口。扦插规格及深度:在整好的苗床上开横沟,沟深 8～12cm,沟距 25～30cm,将根条按 7～10cm 株距,其上端朝一个方向稍低于土面斜倚沟壁,切勿倒插,最后覆土稍压紧,使根条与土壤紧贴,浇足水,保持湿度。

5.2.6.4　叶插法

叶插是指用叶脉处人为造成的伤口部分产生愈伤组织,然后萌发出新的不定根或不定芽,从而长成一棵新植株的方法。多用于叶片主脉粗壮植物,如景天科和龙舌兰科植物等。

叶插法又分为直插法和叶柄插。对于叶片长的革质多肉植物,如虎皮兰等,可将叶片切成长4~6cm的小段,然后浅浅地插入基质中即可。燕子掌、落地生根等也都可以用整个叶片或一段叶片直插繁殖。而大岩桐等扦插要求带叶柄扦插。它可从叶柄基部长出小球茎,然后把小球茎另栽,即可成苗。

具体操作时,要求剪取当年生木质化或半木质化枝条,将枝条上除新发叶以外的叶片在配制好的生根剂中速蘸后稍晾,切面稍干即可扦插。扦插规格及深度:株行距依叶片大小而定,一般行距7~10cm,株距3~5cm,斜着将叶柄插入介质中,叶柄底端复土不要太深,一般深度1~2cm。复土的深度视介质的保水性而定,保水性好可以浅一些,保水性差要深一些。

5.2.7　扦插后管理

植物扦插后,管理工作很重要。插后如果管理工作跟不上,同样能使扦插失败,一般应做好以下管理工作。

5.2.7.1　水分和湿度管理

扦插后水分管理首先要跟上,因为插穗失水,直接影响成活。一般的供水是在扦插后,待插穗与土壤压实(指干插)应浇足一次透水。以后可以根据不同植物适当浇水,以保持床面的湿润;空气湿度的控制也很重要,夏天露地气温高,应进行必要的遮阴,用苇棚或遮阳网等使插穗接受部分日光,减少蒸腾。同时每天喷几次水,以保持湿度。冬季在温室内扦插时,每日喷一次水即可。如果用塑料棚扦插,因棚内湿度高,浇水次数可减少。

扦插后1周,早晚基质含水量应达60%~70%,空气相对湿度95%以上为宜。待多数穗条开始发根后,应适当降低基质含水量,保持在40%左右即可。这时可以逐步开膜通风,以降低基质含水量。当有50%以上的穗条抽芽发出新叶片时,可除去薄膜,该时期应注意保持基质湿润。

5.2.7.2　光照和温度管理

用单体大棚扦插后,晴天,特别是夏季和秋季时,小拱棚上面要加盖遮阳网,发根和发芽之前,基本上都要遮阴,遮阴率达75%~90%;全部发根和50%以上发叶后,逐步除去小拱棚的薄膜和遮阳网。

各国通过实践提出的扦插生根最适温度不同:中国一般认为是15~22℃;欧美的最佳生根温度是20~23℃;日本最佳生根温度是23~26℃。人工控制温度有许多成功的方法,最主要的降温方法是喷水降温和遮阴降温。

当前,在有条件的地区,利用白天充足的阳光,采取“全光间歇喷雾扦插床”进行扦插。即以间歇喷雾的自动控制装置来满足扦插对空气湿度的需要,保证插条不萎蔫,又有利生根。使用这种方法对多种植物的硬枝扦插,均可获得较高的生根率,但扦插所用的基质必须是排水良好的蛭石、砂等。这种方法在阴天多雨地区不宜使用。

5.2.7.3 养分管理

扦插前基质中要求肥料越少越好,扦插管理后期,则需要及时补充肥料维持插穗生根的营养消耗。

营养物质对生根抽芽有着一定的促进作用。在生产实践中有下列几种施肥法。

1)根外施肥

用尿素作根外施肥对促进生根有一定效果。用稀薄的氮、磷、钾复合化肥喷洒叶面,一般采用淡薄的液肥,每隔一周喷洒一次,效果很好,如喷施水溶性化肥(0.2%尿素)。

2)深层施肥

在露天大规模扦插时,可在苗圃的底层,铺上肥沃的培养土,上层为含肥分少的扦插土。插穗在扦插土层生根后,根系向下伸长,当伸到培养土层即可吸收养分进行生长。

3)消毒保肥

小规模扦插时多采用消毒土壤进行扦插。尤其是一些南方需要酸性土壤的植物,一般采用山泥(含有松叶的腐殖土)。扦插土只要经过高温蒸过,扦插后长势良好,不存在失去养分的问题。

5.2.7.4 病虫害防治

病虫害防治主要是防治炭疽病、根腐病及食叶虫等,及时观察苗圃病虫情况,一般每隔20天,喷一次防病防虫药,如炭疽福美和多菌灵等,同时及时拔除病株烧毁,发现病虫害及时防治。

5.2.7.5 炼苗

扦插后注意观察新梢萌发和发根情况。当有50%以上的穗条抽出新芽,长出新梢后,可考虑进行炼苗。

5.2.8 扦插育苗案例

5.2.8.1 茶树

扦插是茶树主要的繁殖方法之一。利用茶树植株营养器官的一部分,插入湿润疏松的红黄壤的苗圃里,形成新的完整的植株。扦插繁殖培育出的茶苗表现与母株相似的遗传性,在相同的环境条件下,能保持母株的性状和特性。

1)扦插种类

用于茶树扦插的种类主要有枝插、叶插和根插。

(1)枝插法。枝插法包括长穗、中穗、短穗扦插等。用一根完整的茶树枝条作为插穗进行扦插称为长穗扦插,而把带四五片叶的不完整枝作为插穗的称为中穗,三片叶以下的插穗称为短穗。短穗扦插用材省且繁殖系数高,是世界主要产茶国普遍采用的繁殖方法,中国多采用短穗扦插。

(2)叶插法。选择完整的定型叶,从枝上削或掰下,使叶上带有部分木质部及芽,并迅速将叶下端的 1/4~1/3 插入苗床培育。叶插法难掌握,成活率低。

(3)根插法。根插法有种根和根插等方式。种根:一般于 3 月上旬,把移苗时剪下的主侧根或挖取的较粗壮的茶根,剪成长 5cm 左右的小段,每穴种 4~5 段,覆土厚 3~5cm。根插:将直径 0.7cm 以上的根,剪成长 7~10cm 的小段直接插入苗床或依次排入预先挖好的沟里(春秋时稍露一段于地面,在夏冬时则全部插入土中),宜在阴天进行。

2)插穗剪取

从枝条上剪取插穗的过程称为插穗剪取。剪取插穗时,通常从枝条的下端开始依次向上剪。普通的一叶短穗是剪下带有一个腋芽、一张完整健康叶片的一段短茎,长 3~4cm;一般一个节间剪一短穗,节间短的可剪成两节一穗,将下端的叶片和腋芽剪去。剪口要与叶向相同,最好为斜面,上下端切口呈平行。插穗下端切口倾斜,增大接触面而易与土壤贴紧。插条上有腋芽已长成小枝的,剪穗时将主枝留一叶,小枝留基部的一片真叶进行剪取,剪口须平滑。剪穗时将花蕾摘除,最好在清晨及傍晚时随剪随插,或在白天剪穗而在傍晚扦插。

3)扦插方法

扦插当天,在已压平整的苗床上,按茶树品种叶片的长度,用划行器或 7~10cm 宽的木板滚压出扦插行距的痕迹;然后浇水湿透表面心土层,待泥土稍干不沾手时,开始扦插。扦插时,用拇指和食指夹住插穗上端的腋芽和叶柄处,沿行距痕迹将插穗斜插(插穗剪口斜形)或直插(剪口平行)入苗床土中。插穗的短茎约 2/3 插入土里,露出叶柄和茶芽,防止叶片贴土而闭塞气孔,造成叶片腐烂脱落。边插边用食指或中指将插穗附近的泥土稍加压实,使插穗与泥土紧贴,利于吸收水分并使插穗固定在苗床上,叶片方向应向当季最多的风向,顺风排列,使插穗不会随风动摇。株距以叶片互不遮叠为宜;扦插后,立即充分浇水。

用营养钵进行扦插育苗,便于培养壮苗,提高移栽成活率,便于劳力安排和定植成园快。方法是采用稻草或塑料等材料先制作草泥营养钵或塑料营养钵。在扦插前将钵的中下层装上配制好的营养土稍加压实后,再填入 3~4cm 的红黄壤心土并与钵面相平,然后把插穗插在钵里。扦插育苗的营养钵,最好放置在靠近水源的地方。插好穗的钵,随即在钵上设置遮阴棚、盖遮阴物或把钵放在树阴下,防止日晒而造成焦枯脱叶。

在扦插前,将未经母株植物激素处理的插穗,放在用十万分之五(50×10^{-6})的吲哚丁酸与 50×10^{-6} 的萘乙酸等体积混合配制好的药液里浸基部 24 小时后取出再插,能促进插穗发根,提高成活率。

4)扦插时期

中国的多数茶区在 6~7 月份进行夏插。夏季气温较高,插穗的愈伤组织形成快,成活率一般达 80% 以上。秋插多数在 9~10 月份进行,成活率较高。冬季气候温暖的茶区,从 11 月至翌年的 1 月份可进行冬插。在春、秋和冬季扦插,全天都能进行,在高温烈日的夏季时,宜在上午 10 时以前和下午 3 时以后进行扦插。

5.2.8.2　百子莲

在草本植物中,扦插繁殖是多年生草本花卉常用的繁殖方法。如秋海棠类、菊花类、百合类、仙人掌类、天竺葵类、景天类等都用扦插繁殖,此法在生产中已被广泛运用。

另外,还有一些一二年生草本植物,以及一些多年生草本植物在北方需当年种植的植物有些可以扦插。在草本植物中以多年生植物较多,当年生植物较少。在这些植物繁殖中,同样表现出有的扦插易于成活,有的扦插难于成活。

因为草本植物多用种子繁殖,所以扦插虽有实践记录,但多数人都忽略不用,而实际上可用扦插繁殖以备参考。

百子莲(紫君子兰)属百合科、百子莲属,是多年生常绿草本植物。叶丛浓绿有光泽,花色明快。具有短缩根状茎和粗绳状肉质根,所以适合作根茎扦插。百子莲也可以用种子繁殖,但种子发芽极缓慢,小苗生长也慢,需要5~6年方能开花,故一般多用分株繁殖,在外国,利用其发达的短缩状茎扦插,生根容易,成活率高。

5.3 全光照喷雾扦插

工厂化扦插育苗是设施农林生产过程中的一个重要变革,而全光照喷雾扦插是工厂化育苗的一个重要技术手段。全光照喷雾嫩枝扦插育苗,是指在全日照条件下,采用自动间歇喷雾湿度控制设施,在排水通气良好的插床上为插穗进行高效率的规模化扦插育苗。

全光雾嫩枝扦插育苗工厂化的程度,取决于运用机械、电子及生物环境控制技术与生物技术密切结合的程度。目前我国常规的嫩枝扦插设备与配套技术存在诸多问题,致使目前嫩枝扦插工厂化程度总体偏低。

5.3.1 设施与设备

主要设施有大型日光温室、培养土配制混合机、培养土装载及消毒设备、喷水、肥、药等机械系统秧苗包装及运输设备。培养土大多用草炭、蛭石等混合物。扦插床一般宽90cm(方便扦插操作),长度根据棚室的实际情况来定。一般用砖砌成或直接用土,床底部铺一层塑料(可用旧棚膜)。具体规格:深度15~20cm的育苗床,内填充10~15cm的基质,过道宽24cm。

5.3.2 流程与方法

目前工厂化扦插育苗的方法主要有扦插床、钵、盘育苗法等。育苗方法不同,所需要的设施、设备及工艺流程均有差别,这里重点介绍扦插床育苗法,以绿枝扦插为例加以介绍。

通过基质配置消毒、插穗处理、打穴、扦插、浇水及苗期管理。

5.3.3 扦插技术

5.3.3.1 插穗的处理

选择健壮无病虫害的植物枝条作为插穗,按不同植物要求进行剪取,注意插穗剪取长度、留叶和剪口等,插穗也要进行消毒处理,一般用阿米西800倍液或苯咪甲环唑800倍液浸泡

10分钟,也可用百菌清1000倍液浸泡进行综合防治。消毒后,再用生根剂处理,以提高生根速度和生根率。

5.3.3.2　基质处理

扦插床使用前,利用太阳光进行暴晒,可起到扦插床的消毒作用,基质可与五氯硝基苯、多菌灵和一些杀虫剂混合洒在插床内或配药喷施。

5.3.3.3　打穴

用钉板在扦插床上按株距3～5cm,行距7～10cm打穴,不同植物可调整株行距,钉板下压时要保证水平,用力均匀,以确保扦插孔穴深度一致。钉板可自己制作,取厚度3～5cm的木板,长度80cm,宽40cm左右,按株行距画点备用。

5.3.3.4　扦插

蘸完生根剂的插穗,垂直插至孔穴底部,插穗约2/3插入土里,并使基质与插穗结合紧密。扦插的过浅,插穗易失水,造成生根困难,生根区域小,生根量少;扦插的过深,则生根缓慢,枝条皮层容易腐烂,大大降低扦插成活率。

全光照喷雾扦插的密度以插穗的叶片相互不重叠为宜。确定插穗深度的原则是只要能固定插穗,宜浅不宜深,插的太深,插穗基部会由于通气不良而造成腐烂,而且生长缓慢,通常根据介质特征,插在介质的通气透水性好的中上层内,这样的深度最易生根。扦插时最好使插穗的叶片朝同一方向,这样扦插既方便、美观,又便于喷雾均匀和苗木生长一致。

5.3.3.5　覆膜

如非自动温室控制室育苗,浇水后立即用透明塑料薄膜将苗床完全罩起,接缝处可用清水粘连,保持苗床密闭,且每天进行检查,要保证不能漏气,否则插穗水分会快速抽干而不能成活,最后再用50%遮阳网遮光。

5.3.3.6　扦插后管理

扦插能否生根成活,育苗期的管理非常重要。主要有水分养分管理、光照温度管理和病虫害防治等。保证苗床的湿度,遮阴和喷水来调控环境温度,后期增加液肥和防治病虫害。

1) 喷雾时间与光照度的控制

在扦插初期,插穗刚离开母体,仍有较大的蒸腾强度,插穗基部下切口的吸水能力极弱,保证插穗不失水主要靠频繁的间歇喷雾,在扦插早期,愈伤组织形成之前应多喷,愈伤组织形成之后,可适当减少喷雾。全光照扦插育苗成功与否,主要取决于能否根据扦插的不同时期进行喷雾;待普遍长出幼根时,可在叶面水分完全蒸发完后稍等片刻再进行喷雾;大量根系形成后(3cm以上)可以只在中午前后少量喷雾,但是介质需定期浇水;待普遍长出侧根后应及时炼苗移栽。在扦插的过程中由于枝条的叶片对水分的持留时间不同,这样,对喷雾时间的控制就会比较麻烦。一般要求能够做到,持留水时间长的,不烂枝烂叶,持水时间短的不过干。对光照要求不严的植物,如红叶石楠,适宜在明亮散射光下生长,光照过强、暴晒会引起叶片变黄、褪绿、生长慢等现象。所以在养护管理过程中光照太强要遮阴,光照弱时要拉上(收拢)遮阳网。

2)喷药施肥

嫩枝扦插在高温高湿环境下,容易感染细菌而腐烂,因此除了在插前进行插穗杀菌处理外,插后仍要加强病虫害防治,扦插一结束要及时喷施 800 倍液多菌灵和甲基托布津,以后每5~7 天喷一次,在雨后一定要及时喷施杀菌剂。喷药要求在傍晚,停止喷雾后进行,插穗生根后可适当减少喷雾次数。在扦插后,如果有苗木出现发病和腐烂的现象,要及时清理,防治病害的蔓延。在扦插愈伤组织形成后要经常进行叶面追肥,可以结合喷药防病同时进行。能有效补充穗条生根和生长的所需营养。通常在愈伤组织形成到幼根长出,使用氮浓度为 50mg/kg 的水溶性肥喷施即可,在根系大量形成后到移栽前,浓度可增加到 100~150mg/kg,可以采用浇肥的形式,达到上下同时吸收。

3)炼苗与养护

生根苗的移栽是全光照喷雾育苗的重要环节,在苗木生根后,一般根系长到 3cm 以上,就可以搬到荫棚区炼苗。

生根苗的上盆,基质用 80%泥炭+20%珍珠岩,一般泥炭都要加石灰调节 pH 值,同时补充钙元素。苗木上盆一般要做到随起、随种、随浇水。管理同平常的苗木栽培管理一样,但特别要注意小苗的管理。对抗性比较强的品种,在小苗阶段也容易出现问题,小苗抗性比较弱,容易感染病害。引起病害发生主要有这样的几个方面:冻害、高温、栽培基质长期过湿。在冬季和初春都容易发生冻害,所以冬季小苗最好在大棚里过冬或者冬季减少水分的供应,不施肥。夏季高温时最好在阴棚过夏。水分管理要注意,见干见湿。但不能让基质过干,过干后就很难再浇透。

扦插苗在移栽前要进行停水炼苗,促进根系的生长和提高苗木对外界环境的适应能力。

5.4 鳞片扦插育苗

鳞片扦插育苗是利用园艺植物产生变态茎的这一特性,培育与母株遗传特性一致的植株。鳞片扦插育苗可提高园艺植物的育苗系数,在百合科、石蒜科等球根植物中得到广泛的应用。

5.4.1 鳞片扦插育苗的原理

鳞茎(球)为地下茎变态的一种,非常短,缩成盘状形,上面着生着许多丰厚多肉的鳞片叶。而在这些包裹着鳞茎形成球形的鳞片叶中贮存了丰富的水分和养分,一方面可以用于新苗繁殖,另一方面也可解决干旱等逆境下鳞茎的水分和养分供给问题。

在适宜温湿度环境条件下,剥离的鳞片叶即可用于新鳞茎的繁殖。它首先在鳞片叶基部的剥伤处恢复维管束周围细胞的分生能力,形成愈伤组织,产生带根的小鳞茎。进而可将小鳞茎从鳞片上掰下,形成独立的新个体。

朱顶红的双鳞片扦插中,在两鳞片之间和内鳞片远轴面生成小仔球。朱顶红外鳞片有维管束与内鳞片相联结,可能先是内鳞片远轴端长出小突起,外鳞片通过维管束源源不断供应给内鳞片营养,小突起逐渐膨大最后成长为小仔球。外鳞片厚、内鳞片薄的双鳞片插穗由于外鳞片能供应较多的营养,因而生成的小仔球数多、体积大。而单鳞片插穗在鳞片的远轴端长出小突起后,由于没有外鳞片后续的营养供应,因而小突起不能膨大成长为小仔球。另外,源于外部位置的双鳞片插穗,远离母球中心顶端生长点,受顶端生长优势的抑制作用影响小,这可能也是其生成小仔球数量多的另一个原因。较高的环境温度和基质湿度条件下,有利于小仔球的发育。

鳞片扦插主要用于鳞茎类球根的繁殖,它在百合科、石蒜科植物育苗中占有重要的地位。以百合为例,每个鳞片平均可产生 2~5 个小鳞茎,一个大百合球约可繁殖 100 个左右小鳞茎。

5.4.2　鳞茎繁殖技术

5.4.2.1　扦插方法

1) 鳞片扦插

首先用刀将鳞茎基部切下,将鳞片分成一小片,选用肥大且无病虫害的鳞片直接插入苗床中。插后 30 天左右,就会从鳞片下端切口处长出小鳞茎,并生根长出叶子,成为完整的新鳞茎。

2) 小鳞茎育苗

小鳞茎育苗也叫分球育苗,是将百合老鳞茎上生出的小鳞球分开进行育苗。凡是会长出小鳞茎的品种,在收获大鳞茎时,可集中土中的小鳞茎用于直接播种。培育一年可进行选育种球。

3) 珠芽育苗

一些麝香百合等,在叶腋生有小珠芽,可在花凋谢后,珠芽未脱落前,收取珠芽植于地里,一年后即可形成小鳞茎,长出叶芽,要 2~3 年才能开花。

4) 双鳞片扦插法

即在球根休眠期将鳞茎纵切成 8~10 等份,再将以茎盘相连的每 2 片鳞片分割成一个繁殖体,消毒后混于湿润的蛭石中,装入塑料袋中置于 25℃ 条件下 12~16 周后,在鳞片基部可以形成小鳞茎。

5.4.2.2　扦插材料选择

育苗选材时,应选择外形丰满、无任何病虫害的鳞茎;色泽上选外皮呈深褐色、光亮,运输、存贮中未被破坏的鳞茎;从密度上看,应选密度相对重一些的;从手感上看,应选择稍有弹性的鳞茎球。如果鳞茎分量轻,且毫无弹性,就说明失水严重,不宜选用。

对于扦插鳞片,百合以外层鳞片为好。在鳞片较大的情况下,可将鳞片横向切成 2~4 段,也能分别形成子球。水仙以中层鳞片扦插形成的小鳞茎的数量和质量最为理想,常采用双鳞片扦插法繁殖。朱顶红以外层鳞片为好,常采用双鳞片扦插法繁殖。

5.4.2.3　扦插时间

鳞片的扦插时间有春播和秋播。春播在春季 3 月上旬,秋播在秋季 9 月上旬。

春季播种一般有两个最佳生长期,即 5～6 月和 9～10 月,而 7 月遇高温时休眠,11 月前后收获小鳞茎,其小球生长期为 8～9 个月。秋季播种经过 10 月与翌年 5～6 月两个生长期,到 7 月高温时,植株容易受高温影响枯萎,小球被迫收获。如管理措施得当,小球生长期能延长到 10 月,则可收获较大的小球,小球生长期为 10～14 个月。

朱顶红原产于热带干湿相间的生态环境。较高的温度和湿度条件下,有利于繁育,所以扦插的时间最好是秋播,这样可以保证第二年 6 月份的小仔球发育。

5.4.3 鳞片扦插育苗案例

以百合为例,介绍鳞片扦插育苗的应用。

百合育苗方法包括播种育苗、分球育苗、鳞片扦插育苗和小鳞茎育苗等。对绝大多数种类的百合,播种育苗后代变异性大、周期长,目前主要以无性育苗为主。其中茎生小鳞茎育苗获得的种球质量好,但育苗系数低;鳞片扦插育苗成本低、操作方便,且育苗系数高,是目前种球商品化生产过程中必不可少的关键环节。

5.4.3.1 鳞片处理

选用周径大于 14cm 的种球,放置在 15～20℃室温条件下 1 周,用自来水冲洗种球半小时,以达到预浸目的,然后用刀切去鳞茎基部,使鳞片分开,依次掰取鳞片,尽量使鳞片基部伤口平滑,以利创伤面愈合。

选取无病虫危害和机械损伤的肥厚鳞片作扦插鳞片,用 500 倍的多菌灵浸泡待插鳞片,灭菌 30min 后用清水冲洗 10min,弱光下晾干,等待扦插。

5.4.3.2 鳞片扦插

秋季,选择地势平坦,土壤肥沃、土层深厚、墒情良好(土壤含水量 15%以上)的地块整地做畦。

选用收获的成品百合鳞茎,经鳞片处理后扦插。扦插时,将创口面朝下,扦插深度为鳞片长度的 2/3～3/4,株行距为 30cm×35cm,然后上覆 2～4cm 厚的土,浇水,使鳞片与基质紧密接触。

5.4.3.3 插后管理

扦插约 1 月后,鳞茎凹面基部形成小鳞茎,并开始生出 1～2 条小的肉质根。再经 1 月左右小鳞茎的 1～2 个鳞片生出柳叶状叶片,并开始出土。随着冬季的到来,温度开始下降,小鳞茎地上部枯死,进入休眠过冬。翌年春天又萌芽生长茎叶,进入正常管理。

在繁殖过程中,如果发现小苗生长不正常或植株患病,要及时除掉以防污染扩大。如果扦插时间在冷凉季节,注意保证插床温度在 20～25℃,促进子球的形成。地温过低,愈伤组织形成慢,鳞片易腐烂。同时注意土壤适宜的湿度,土壤过干、墒情差,鳞片本身水分反而逆流损失,引起干腐败坏或不生少生小鳞茎,空片率增加。

思考题

1. 木本植物扦插时,为何插条下端常被剪成马蹄形?
2. 从扦插育苗原理来看,全光照喷雾扦插有何先进性?

6 分株育苗和压条育苗

6.1 分株育苗

6.1.1 分株育苗原理

分株育苗是利用一些植物容易产生根蘖、匍匐茎等器官并易发新根的习性,将发生新根的根蘖、匍匐茎等器官与母株分离而产生独立植株的育苗方法,包括根蘖育苗和匍匐茎育苗等。

(1) 根蘖分株法。枣、树莓、樱桃、李、石榴等物种根系在自然条件或外界刺激下可以产生大量的不定芽。当这些不定芽发出新枝、长出新根后剪离母体成为一个独立植株。这种育苗方式称为根蘖育苗,所产生的幼苗称为根蘖苗。根蘖苗的遗传特性与其产生部位的遗传特性一致。生产上多利用自然根蘖进行分株育苗。为促使多发根蘖,可于休眠期或发芽前将母株树冠外围部分骨干根切断或造伤,并施以肥水,促使发生根蘖和旺盛生长,秋春季挖出分离栽植。

(2) 匍匐茎分株法。草莓、吊兰以及草坪草(如狗牙根、野牛草等)地下茎的腋芽在生长季节能够萌发出一段细的匍匐于地面的变态茎,被称为匍匐茎。匍匐茎的节位上能够发生叶簇和芽,下部与土壤接触,长出不定根。夏末秋初,将匍匐茎剪断,得到独立的幼苗。虎耳草、吊兰等叶腋间能长出一段较长的不贴地面的变态茎,产生不定根和叶簇,分离后栽植即可成为新植株。

植物正常发育过程中,芽一般是从茎尖或叶腋等一定位置生出。所以这种像顶芽、腋芽、副芽等均在一定部位生出的芽,称为定芽。与此相反,凡从叶、根、茎节间或是离体培养的愈伤组织上等通常不形成芽的部位生出的芽,则统称为不定芽。不定芽出土后抽生萌蘖枝,而直接长出成为分生茎。不定根是胚后发育形成的根,一般从茎、叶、根上长出。

不定芽和不定根的形成起源目前还存在争议,但其基本过程较为统一:不定芽的形成首先由薄壁组织分裂产生一团原始细胞,形成茎的顶端分生组织。在形态上和根的生长点不同,通常是钝圆的。顶端分生组织继续分裂,产生突起形成叶的原始体,以后穿过外面的组织伸出土面,逐渐发育为带叶的枝条。当顶端分生组织产生第一片叶时,不定芽的内部就分化出输导组织,以后和茎段中原有的输导组织连接起来。根蘖形成中,在不定芽形成的同时,不定根也开始发生,最后形成完整的根系,组成独立植株;匍匐茎中根系形成稍晚,但与根蘖中的过程相似,首先组织恢复分裂能力,产生一团原始细胞,形成根尖的生长点,生长点分裂,继续向外生长,穿过外面组织伸出。生长点的后方逐渐分化形成各种成熟组织。

大多数不定根在器官深层发生,如中柱鞘、韧皮部、射线等薄壁细胞。依据发生方式的不同,可分为直接器官发生(生根)和间接器官发生(根再生)。直接器官发生包括扦插、微扦插过程中从枝条直接形成的过程。间接器官发生是指通过愈伤组织再形成拟分生组织,而后分化出根原基的过程。分生育苗的根发生属于直接器官发生。

植物不定根的形成有其遗传基础,即不同基因型或不同物种生根能力是不同的。根据植物不定根原基发生时间的不同,可分为潜生根原基和诱生根原基两种类型。潜生根原基类型是在母株正常生长过程中形成的,一般呈潜伏状态,一旦条件合适或离体刺激就可以长出不定根。诱生根原基类型是指本身不存在根原基,必须从诱导开始。分生育苗中的根系产生属于潜生根原基类型。

6.1.2　分株育苗技术

分株育苗的时期主要在休眠期和半休眠期进行,生长季节以不影响母株和子苗生长的时期为佳。果树等落叶植物和春花植物,分株育苗宜在秋季(10~11月份)进行;夏、秋开花植物,分株育苗宜在早春萌芽前(3~4月份)进行。常绿树种由于自然休眠现象不明显,分株可在春末半休眠状态时进行。

对于根蘖萌发力强的园艺植物,如枣、石榴等,分株时不必挖出整个母株,可用斧头或利铲直接分离,另行栽植。

对于草莓等匍匐茎育苗的植物,可以在用苗时直接将其剪断而分离产生。

一些难以和母株分离的分蘖苗(如兰花、萱草等),可以将母株挖出,抖掉部分泥土,沿根蘖延伸方向用手或刀等工具予以掰开,立即上盆浇水。

分株产生的子苗要有完整的根系和1~3个茎干。定植时,宜保持根的原来入土深度,必要时采取遮阴养护。

6.1.3　分株育苗案例

分株繁殖在容易产生根蘖、匍匐茎等器官并易发新根的植物中应用较多,如枣树、石榴、芦荟、虎尾兰、草莓等。

6.1.3.1　枣树根蘖分株

可利用枣树根形成不定芽长成新植株的特性,培育根蘖枣苗。还可利用枣树有自生根蘖的特性,进行分株育苗,操作简便,成活率高,又能保持母本枣树的优良特性。但无人工干预下的分株方法育苗数量有限,每株母树每年只能繁育10~20株,每亩育苗量也不超过500~800株;同时也存在着苗木大小不一致,根系发育不良等现象。同时具体分株时,还存在着每育一株苗就得切断一条大根,从而影响母树的产量和寿命。近年来,科研工作者开发出了断根促苗和归圃育苗。

1）断根促苗

春天地温上升、根系开始活动时，在母株树冠投影区一侧挖沟，沟深 50cm，宽 30cm，沟向与枣树行向平行，切断直径小于 1.5cm 的枣树根。大根不动，以免影响母树树势。

枣树断根后，小根上隐芽很快萌发，向上伸出地面，发育成苗。苗高 30cm 左右时进行间苗，去弱留强。然后培土，深度以达幼苗的 1/4 为宜，以促进新梢基部发生新根，结合培土，可施肥和灌水，以加快幼苗的生长，一般当年苗能长到 60～100cm 高。根蘖苗的大小和断根粗细有关。

2）归圃育苗

根蘖苗一般大小不整齐，有时须根较少，直接定植成活率较低，生长不整齐，难以管理。归圃育苗是将根蘖苗集中到苗圃、按大小分开、再重新培育苗木的一种方法。枣苗在苗圃再生长 1 年，苗木生长健壮，根系好，质量高，苗木大小均匀，栽植成活率高。

归圃育苗的技术要点包括：

（1）促发根蘖苗。在冬季封冻前或早春解冻后，全面浅刨枣树株行间的土层，损伤粗 1～2cm 的根，近树干处稍浅，损伤表层较细的根系，切忌伤害直径 2cm 以上粗大的行根，刺激浅层的水平根出现伤口，诱发不定芽在伤口和伤口附近的形成。根蘖苗抽生的第一年，自生根很少，到第二年自生根较多。根蘖苗以距离母树树干 1～2m 以外的为好，在此范围的根蘖苗，多由细的行根萌生。

（2）选苗。严格挑选无病虫害的苗木归圃。经严格挑选后，对根蘖苗进行修剪，剪去并生枝，枝杈或过长的根，每株保留 1 条长约 35cm 的新梢，其余均剪去。然后按苗株大小分级，先进行假植。

（3）栽苗。整好地后，挖纵向长沟，沟长可根据苗圃地而定。将假植的根蘖苗，取出种在沟内。由于枣树有二次枝，分枝角度大，加上根蘖苗生长快，所以密度不宜过大，定植过密，则生长不良，枝叶郁闭，容易患枣锈病等病害。栽苗后，封土、踏实、灌水。

（4）管理。在离地 2～3cm 处剪掉地上部分，待基部芽萌发后选留 1 个生长强壮的芽，把其他芽抹去，然后按育苗的常规方法，进行中耕除草、追肥、防治病虫害等。一般归圃 1 年后，苗高 1m 左右，生长出很多新根时，即可出圃栽植了。

6.1.3.2　草莓匍匐茎育苗

草莓的茎为缩短的地下茎。当年生的茎叫新茎，是由幼苗生长点不断分化叶片，进行营养生长形成的。新茎的加长生长很慢，但加粗生长却很快，所以形成短粗的地下茎。在新茎的周围，紧密地轮生着长柄叶片。基部有一对托叶包在短茎上，在每片叶的叶腋部分都生着腋芽。腋芽具有早熟性，当年形成即可萌发，在高温长日照条件下，便可形成大量匍匐茎。

草莓一般品种都有发生匍匐茎的能力，匍匐茎是细而节间又长的地下茎，初生时向上生长，随后即向下弯曲，沿着地表向株丛少、日照良好的地方生长。每株苗可抽生数十条匍匐茎，每条匍匐茎可产生 3～5 株幼苗，由匍匐茎形成的秧苗和母株分离后称为匍匐茎苗。

草莓匍匐茎的特征是，偶数节生长不定根，奇数节不能生长不定根。用匍匐茎育苗时，要把偶数节埋入土中，以促其不定根生长。如果不埋土，偶数节也能长出不定根扎入土中，只不过时间略长一些。当小苗长出 4～6 片叶时，可以与母株分离成独立生活的苗。

草莓性喜凉爽,不耐高温干旱,若夏季管理不善,植株便会出现严重生理失调,甚至造成大量死亡。草莓匍匐茎育苗主要操作技术如下:

1) 选地做床

育苗草莓应选择地势平坦、土质疏松肥沃、有灌溉条件的地块。栽苗前1周每亩育苗田施腐熟有机肥2 000 kg、三元硫酸钾型复合肥(15-15-15)50 kg,施后深翻30 cm,将地整平耙细,做成2 m平畦。

2) 选苗栽植

一般早熟品种在4月中旬,晚熟品种6月上旬定植。定植前1周适当控制土壤湿度,以促进母株根系发达,栽前浇1次透水,便于起母株。选择品种纯正、无病虫害、健壮植株作育苗母株。定植在畦边30~50 cm处,株距为50~60 cm,栽苗要使苗心基部和土表平齐,这是秧苗能否成活的关键。栽后及时灌水,直到缓苗后再进行正常管理,经7~10天缓苗后,要及时检查成活率,对缺苗处进行补栽。在母株成活后可喷施1次50 mg/L赤霉素(GA3)抑制成花。另外,同一品种要集中栽植,各品种间要有作业道间隔,以保证品种纯度。此外不能种植过密,以免通风不良,光照不足,影响草莓正常生长。

3) 松土除草

草莓秧苗要及时松土除草,经常保持土壤疏松和畦面干净,早期除草可以用锄头等工具,后期为避免伤害匍匐茎,应人工拔草。

拔草时不要松动草莓根系,以免造成种苗死亡。拔草同时,要摘除草莓黄叶、枯叶,减少养分消耗和水分蒸发,促进通风透光。

4) 追肥浇水

如基肥不足,对草莓母株应追肥,最好采用叶面喷肥,一般可用尿素,也可在距母株10~15 cm处施肥,然后及时灌水。灌水应在傍晚或晚上进行,采取沟灌,每次灌水要适量,不能淹没畦面。

5) 摘除花序

为节省营养,促使匍匐茎尽早发出,春季应将母株抽出的花序及时摘除,这样可以获得更好的优质秧苗。

6) 人工压蔓、摘蔓

夏季在匍匐茎大量发出期间,为使每次子苗能长成壮苗,在发苗期间要及时将匍匐茎定向理顺,配置均匀,使早抽生的匍匐茎早扎根,形成匍匐茎苗。

早扎根能减轻母株营养消耗,有利于母株继续抽出匍匐茎。待整个畦面匍匐茎均匀布满之后,再发出的匍匐茎应及时摘除。

7) 遮阴降温

在夏季温度高于35℃时,需要对草莓苗进行遮阳降温。同时注意防止湿度过大引发病害发生。

8) 起苗

一般在9月份就需起苗,起苗时应注意保护根系。如果就近定植,最好带土移栽,缓苗快,成活率高。起挖子苗时手拿苗茎基部,用力不要太重,轻拿轻放,手不要捏子苗心部。去除病老叶,保留 4～5 片新叶。尽量多带泥土和根系,随起随栽。运输时选用泡沫箱装苗或筐中铺 1 层薄膜,保持子苗根系湿润。健壮草莓苗标准为:叶色正常、叶柄粗壮、叶片肥厚、植株矮壮、根系发达、根毛多、全株重 20～30g,根系占单株鲜重 40%,叶数至少 4 片,无病虫害。

6.2 压条育苗

压条育苗指在枝条与母体不分离的状态下,将拟生根部位进行机械伤害处理后,压入土中或包埋于生根介质中,使其生根后,与母体分离,成为独立植株的育苗。压条繁育的苗木,成活率高,生长快,结果早。

压条育苗多用于丛生性强的灌木或枝条柔软的藤本植物。对一些发根困难的树种,也可以通过高枝压条的方法,让树冠上的枝条在脱离母体之前发根,为苗木繁育提供可选方式。

6.2.1 压条育苗原理

压条育苗的原理是利用枝条的木质部仍与母株相连,可以不断得到水分和营养,枝条不会因失水而枯死,而且受伤部位易积累上部合成的营养,容易形成愈伤组织及不定根,待生根后剪离,栽植成一独立新株。

压条时,为了中断来自叶和枝条上端的有机物如糖、生长素和其他物质向下输导,使这些物质积聚在处理的上部,供生根时利用,可进行环状剥皮、刻伤、绞缢或扭枝。在环剥、刻伤等造成伤口的部位涂生长素可促进生根。

6.2.2 压条成活的影响因素

影响压条成活的因素主要包括压条时期、压条材料、压条生根处理,及生长素种类、浓度、填充基质等。

6.2.2.1 压条时期

根据压条时期,压条又可分为休眠期压条和生长期压条两种方法。休眠期压条是利用一年生枝条于秋季落叶后或早春发芽前进行,利用 1～2 年生的成熟枝在休眠期进行的压条,多为普通压条。生长期压条是利用当年生新梢在雨季进行,在生长期进行的压条多用堆土压条法和空中压条法。但从成活率单方面考虑,压条应在植株生长旺盛期进行,此时温湿度适宜和营养充分,便于发根。

一般落叶树适宜秋季或早春压条。如桂花高空压条的最佳时间是在 5 月上旬到 6 月下旬;荔枝、葡萄的空中压条繁殖则在一年四季均可进行。

6.2.2.2 压条材料

压条母树宜选择生长健壮,无病虫害危害的优良品种,枝条一般选择 1～3 年生的健壮枝条。压条部位以叶片光合作用强、活力高、营养充足为标准,该部位成活率最高,且新植株生长快。堆土压条对枝条一般无须选择,曲枝压条要选近地面能弯曲的枝条,空中压条宜选择中部枝条。

桂花高空压条育苗时宜选择树冠中部外围生长充实健壮的1~3年生枝条;葡萄采用中上部生长健壮、半木质化的当年生新枝进行高空压条。

6.2.2.3　压条生根处理

1)机械处理

对枝条采取环剥、刻伤、绞缢或扭枝等措施,使被压枝条中向下运输的营养物质被阻隔在机械处理处,促进生长素浓度的升高,愈伤组织的形成和生根。具体做法是:在压条部位按照枝条宽度的1/3为环剥宽度进行环剥,深度以深达木质部为宜。同时形成层要求剥除干净,以免形成过多的愈伤组织填满伤口而延迟发根。或者用金属丝、绳等在枝条上绞缢4周,或用刀片在枝条上环状削割数刀,切断韧皮部筛管通道。上述处理均可保证水分和矿质营养的向上输送,但却阻止了光合作用产物的向下运输,因此增加了处理部位的营养物质浓度及激素水平,有利于促进根原基破壁生根。

2)黄化处理

通过对生根部位进行遮光处理,包括覆土、包裹等措施,可以使枝条包埋处叶绿素含量降低,薄壁细胞增多,利于根原基突破厚壁组织生成根系。

3)激素处理

压条繁殖中,生根部位与母体相连,难以直接用生长素直接蘸润,因此常用涂抹方式进行生根处理。使用时,可先将生长素溶于酒精中,然后涂抹。由于酒精在涂抹后立即蒸发,因此生长素会留在涂抹处。如果结合环剥等处理,生长素会部分地溶于细胞液,因而增加了处理部位的生长素浓度,良好地促进了生根。

4)保湿和通气

压条生根需要良好的生根基质,以协调水气矛盾。常用的一般基质是潮湿的苔藓、泥炭土或田园土。使用的包扎材料能保湿和遮阴,以利于根系发育和生长。生产中一般选用黑色塑料薄膜或营养钵,枝条较细的多选用塑料薄膜,如金花茶、葡萄等;枝条粗壮的则多选择营养钵,如园林古老树桩盆景植株的培育或林果大苗的培育。

6.2.3　压条育苗技术

6.2.3.1　压条育苗方法

压条育苗依据埋条状态、位置及其操作方法不同分为普通压条法、直立压条法和空中压条法等3种类型,其中普通压条法又包括先端压条、水平压条和波浪状压条等。

1)普通压条法

普通压条法适用于枝条长且易弯曲的树种,如迎春、木兰、大叶黄杨、葡萄等。具体做法为:在春季枝条萌动或生长季节枝条已半木质化时,将长度能弯曲到地面的1~2年生枝条压到地面挖出的 10cm 深土沟中。要求近母体一侧沟成斜坡状,梢头处的沟壁垂直,枝条中部弯曲向下,靠在沟底,用带分叉的枝棍固定,并在弯曲处进行环剥,枝端稍露出沟外。用土壤压实灌水,待枝条生根成活后,切断与母体联结的部分,形成新的植株。

普通压条法中压的数量不宜超过母株枝条的 1/2,否则会影响母株正常生长。选用压条的枝条,一般为母株中靠近地面的枝条。沟与母株的距离,以枝条的中下部能弯曲在沟内的深度为合适。

2）水平压条法

水平压条法适用于枝条着生部位低、长而且容易生根的树种,如葡萄、连翘、迎春、紫藤等。具体做法是:在春季沿一年生枝方向挖深宽各 20cm 的沟,沟底施适量有机肥,将枝水平放入沟内,用树杈等固定并覆土,顶端芽露出地面继续生长。土壤保持湿润,并利用摘心等措施,控制新梢旺长,促使埋入土中的部位生根。秋季与母株剪断,带根挖出即可栽植。

用这种方法在秋季可分出几个植株,繁殖系数较高。

3）培土压条法

直立压条法又叫垂直压条法、培土压条法、堆土压条法和拥土压条法等。适用于分蘖多、丛生性强、枝条较硬、不易弯曲的苗木等。可在冬季或早春,将老龄母株于近地面处截断,促使侧枝萌发,让其多发新枝。具体做法如下:在植株萌芽前,对实施压条母株距地面大概 15～20cm 处短截,使之萌发新梢。当新生出枝条时,在其基部进行第一次培土,培土高度为新梢长的 1/2。为增加生根部位,在第一次培土后 20～30 天,再进行第二次培土。培土前浇足水,培土后注意保持湿润。新梢到秋季长成带有根系的小植株,在秋末冬初可生长成苗。在起苗时,可将上面的土拨开。从新梢基部靠近母株处剪断,便分出带根系的小植株。

培土压条法操作简单,建圃初期育苗系数较低,以后随母株年龄的增长,育苗系数会相应提高。

4）空中压条法

此法技术简单,成活率高,但对母株伤害大。空中压条法在整个生长季节都可以进行,但以春季和雨季为好。具体做法是:在母株上选择生长健壮的 2～3 年生枝条,进行环剥(割)和促根处理,之后用塑料薄膜或营养钵套在环剥口处,在环剥口下方扎紧,使包装材料成漏斗状,然后用包扎基质混合填入,并加入适量的水分,湿度以用手捏成团,但无水流出为宜。填入后稍加压实,扎紧上部。2～3 月后观察,发根则剪离分株。

图 6.1 为茶树空中压条外部形态图。

6.2.3.2 压条苗分离

分离压条苗的时期,取决于根系生长状况。有些翌年切离;有些当年切离。当被压处生长出大量根系,形成的根群能够与地上部枝条组成新的植株,能够协调体内水分代谢平衡时,即可分割。较粗的枝条需分 2～3 次切割,形成充足的根系后方能全部分离。切离之后即可分株栽植,栽植时尽量带土栽植,并注意保护新根。

新分离的植株抗性较差,需要采取措施保护。为减少水分的蒸发,一般仅留 5～6 片叶,且剪去 1/2 叶子。同时,还要结合环境条件及时淋水保湿,进行树苗基部覆盖,搭阴棚或遮阴网保护。炼苗后当苗真正成活时再移植到大田进行培育。

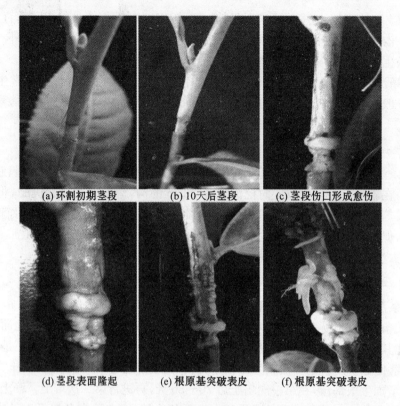

图 6.1　茶树环割后茎段外部形态

思考题

1. 分株育苗和压条育苗适合的植物类型主要有哪些?
2. 空中压条法的技术要点包括什么?

7 组 培 育 苗

组培育苗是指通过无菌操作,把植物的叶、茎等外植体接种在人工培养基上,在适宜的环境条件下进行离体培养,使其发育成完整植株的过程。由于该过程是在脱离母体条件下的试管内完成,因此又称为离体苗培育或试管苗培育。

组培育苗用材少、繁育周期短、繁殖率高、培养条件可人为控制、基本可周年供应。同时,组培育苗也管理方便,有利于工厂化生产和自动化控制。

7.1　组培育苗原理

植物的基本构成单位是细胞,它拥有一套完整的遗传信息。若给予合适条件,它都能分化形成不同器官,发育成完整植株,这种能力叫做细胞的全能性。组培育苗即是以细胞的全能性为理论基础,用人造的方法提供外植体生长发育的合适条件,使细胞的全能性得以发挥。

7.1.1　组培育苗的过程

植物组培育苗过程可简单概括为:外植体通过脱分化诱导愈伤组织和愈伤组织再分化形成完整植株两个阶段,见图 7.1。

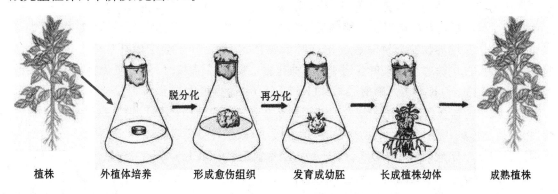

| 植株 | 外植体培养 | 形成愈伤组织 | 发育成幼胚 | 长成植株幼体 | 成熟植株 |

图 7.1　组培育苗的过程

成熟细胞经刺激后转变为分生状态并形成未分化的愈伤组织的过程称为脱分化。它受外植体机械损伤带来的生理变化(包括过氧化酶增加、乙烯增多,酚类物质合成加速等)和外界的光线、生长调节物质等的影响。细胞经过脱分化将直接导致愈伤组织的形成和生长。愈伤组织的再分化是指经脱分化后的细胞,再度通过人工培养发生进一步分化的过程。

组培育苗包括3种具体实现途径:①外植体先分化成芽,待芽伸长后再在茎基部长根,形成完整的植株。②外植体先分化成根,再在根上产生不定芽而形成完整的植株。③愈伤组织在不同部位分别形成根和芽。

7.1.2　组培育苗的营养与环境

组培育苗过程中,离体材料需要在适宜的外部环境条件下摄取足够的营养,才能发育成完整的植株。培养基和培养环境是提供这些条件的基本场所,它们所包含的内容主要有植物生长所必需的各种矿质元素、维生素、氨基酸、碳源、植物激素,及光、热、气、水等。

7.1.2.1　矿质元素

组培育苗过程中的矿质元素主要来自组培瓶中的空气和培养基。依据在植物体内的含量高低,矿质元素可分为大量元素($\geqslant 0.1\%$)和微量元素($<0.1\%$)。

1) 大量元素

大量元素包括氧(O)、碳(C)、氢(H)、氮(N)、钾(K)、磷(P)、镁(Mg)、硫(S)和钙(Ca)等。

(1) 碳、氢、氧。这些元素在植物体内含量最多,占植物干重的90%以上,是植物有机化合物的主要组成元素,参与了植物生命活动的各个部分,是植物生长发育所必不可少的。

(2) 氮。氮包括硝态氮(NO_3^-)和铵态氮(NH_4^+)两种形态。它经植物组织吸收后,可转化成氨基酸,参与蛋白质的合成。如果绿色植物缺少氮素,会影响叶绿素的形成,进而影响光合效率。氮素供应过剩,植物会出现徒长现象,影响苗的质量。供应的物质有硝酸钾(KNO_3)、硝酸铵(NH_4NO_3)等。有时,也添加氨基酸来补充氮素。

(3) 磷。磷是植物细胞核的主要组分之一,在植物氮素、糖的代谢,及呼吸作用等生理过程中发挥着极其重要的作用。培养基中,它可抵消吲哚乙酸对芽分化的抑制作用,增加发芽率。常用的物质有磷酸二氢钾(KH_2PO)或磷酸二氢钠(NaH_2PO_4)等。

(4) 钾。钾影响着植物组织中酶的活性和催化反应方向,决定着新陈代谢的过程,促进分化和光合作用。培养物缺乏钾时容易出现叶缘焦枯状,整个叶子会形成杯状弯曲,或发生皱缩,生长缓慢,过剩时容易出现叶子萎蔫、植株死亡。制备培养基时,常以氯化钾(KCl)、硝酸钾(KNO_3)、硫酸钾(K_2SO_4)、磷酸二氢钾(KH_2PO_4)等盐类提供。

(5) 钙。钙与蛋白质分子相结合,构成质膜的重要组成成分;同时,它也是某些酶的活化剂,影响植物体的代谢过程。植物缺钙时,植株矮小,根系发育不良,茎和叶及根尖的分生组织受损。常以四水硝酸钙($Ca(NO_3)_2 \cdot 4H_2O$)、二水氯化钙($CaCl_2 \cdot 2H_2O$)提供。

(6) 镁。镁是叶绿素的组成部分,也是许多酶的活化剂,与碳水化合物的代谢密切相关。植物缺镁时容易出现失绿症,特点是首先从下部叶片开始,往往是叶肉变黄而叶脉仍保持绿色,这是与缺氮病症的主要区别,严重缺镁时可引起叶片的早衰与脱落。它们常以二水硫酸镁($MgSO_4 \cdot 2H_2O$)提供。

(7) 硫。硫是构成含硫蛋白质不可缺少的成分。含硫有机物参与了植物呼吸过程中的氧化还原作用,影响叶绿素的形成,植物缺硫时一般在幼叶表现缺绿症状,且新叶均衡失绿,呈黄白色并易脱落。常以各种硫酸盐提供。

2) 微量元素

微量元素包括铜(Cu)、铁(Fe)、锌(Zn)、锰(Mn)、钼(Mo)、硼(B)、钠(Na)等,其具有调控酶的催化活性和维持细胞完整机能的功能。

(1) 铜。铜是作物体内多种氧化酶的组成成分。它参与植物的呼吸作用,影响植物对铁的利用。植物缺铜时,叶片生长缓慢,呈现蓝绿色,幼叶缺绿,随之出现枯斑,最后死亡脱落。在组织培养中起到促进离体根生长的作用。

(2) 铁。铁是形成叶绿素所必需的,对植物叶绿素的合成起重要作用。培养基中缺铁时试管苗很快表现出叶片缺绿发白的症状。铁还参加细胞的呼吸作用,在细胞呼吸过程中,它是一些酶的成分。由此可见,铁对呼吸作用和代谢过程有重要作用。因此缺铁时,下部叶片常能保持绿色,而嫩叶上呈现失绿症。

(3) 锌和钠。锌和钠都是酶的组成成分,也有防止叶绿素受破坏的作用。缺锌时枝条尖端常出现小叶和簇生现象。

(4) 锰。锰是植物体内许多氧化还原酶的重要成分,参与机体的氧化还原过程,能提高植物光合作用和氧的代谢作用。缺锰时植物不能形成叶绿素,叶脉间失绿褪色,但叶脉仍保持绿色,此为缺锰与缺铁的主要区别。

(5) 钼。钼是硝酸还原酶和固氮酶的组成部分,具有防止叶绿素受破坏的作用。缺钼时叶较小,叶脉间失绿,有坏死斑点,且叶边缘焦枯,向内卷曲。

(6) 硼。硼不是植物体内的结构成分,但它能促进碳水化合物的正常运转,与碳水化合物运输有密切关系,它还有利于蛋白质的合成。缺硼时,影响新生组织的形成、生长和发育,并使叶片变厚、叶柄变粗、裂化。

7.1.2.2 有机营养

有机营养主要来自于植物培养基,包括维生素类、肌醇、氨基酸及天然有机添加物。

1) 维生素类

自然界的植物都能在体内合成维生素,在植物组织中起着十分重要的作用,它们能够以辅酶的形式参与多种酶系活动,直接影响蛋白质、糖、脂肪等物质的代谢活动,对生长、分化等有很好的促进作用。在植物组织培养中经常使用的有维生素 C、维生素 B_1、维生素 B、维生素 H、叶酸等。此外,经常使用的还有泛酸和泛酸钙等。在培养基中,一般使用浓度为 0.1~10mg/L。有的外植体或愈伤组织能够合成维生素,培养时可以不添加,但生长早期往往会缺乏维生素。

2) 肌醇

主要生理作用在于参与碳水化合物代谢、磷脂代谢及离子平衡,促进组织快速生长,有利于胚状体和芽的形成。通常肌醇使用的浓度为 50~100mg/L。因为它可以由磷酸葡萄糖转变而成,有的植物细胞可以自我合成,因此有时可以省去不用。

3) 氨基酸

氨基酸是重要的有机碳源,能很快被植物细胞摄入,是蛋白质的组成成分,能刺激细胞生长,对植物组织的生长有良好的促进作用。培养基中要加入的主要有甘氨酸、丝氨酸、谷氨酰胺、天冬酰胺等,通常使用量为 2~3mg/L。

4) 天然有机添加物

天然有机添加物一般是指营养丰富的植物贮藏器官,如果实、块根、块茎和乳汁等。富含有机营养成分和生理活性物质,它们对细胞和组织的增殖和分化有明显的促进作用,其含量与植物的成熟度有很大的关系。但是它不稳定,成分也不完全清楚,还有其来源受季节的影响很大,使用起来也不方便,也没有氨基酸吸收得快,因此尽量避免使用。

7.1.2.3　碳源和能源

碳源是构成植物体结构的主要物质,是十分重要的有机营养成分,为细胞提供新化合物的碳骨架,为细胞的呼吸代谢提供底物和能源,还可以调节培养基渗透压。常用的碳源是蔗糖,浓度一般为 2%~5%,还有葡萄糖和果糖也是比较好的碳源。

7.1.2.4　植物生长调节物质

植物生长调节物质(植物激素类)能以极微小的量影响到植物的细胞分化、分裂、发育,影响植物的形态建成、开花、结实、成熟、脱落、衰老、休眠和萌发等诸多生理生化活动。植物生长调节剂在植物组织培养中起着十分重要的调控作用,是培养基中的关键性物质。植物生长调节剂包括生长素、细胞分裂素及赤霉素等。

1) 生长素

生长素在组培中是必不可少的植物生长调节剂,主要作用在于诱导愈伤组织的形成,促进细胞脱分化,促进试管苗的生根,促进细胞生长,诱导腋芽和不定芽的产生。在植物组织培养中,常用的生长素有 2,4-二氯苯氧乙酸(2,4-D)、萘乙酸(NAA)、吲哚乙酸(IAA)和吲哚丁酸(IBA)等。

2) 细胞分裂素

细胞分裂素有促进细胞分裂和分化,使茎增粗,抑制茎伸长,诱导芽的分化,促进侧芽萌发生长,抑制顶端优势,延缓组织衰老,抑制根的生长等作用。在植物组织培养中,常见的细胞分裂素有 2-异戊烯腺嘌呤(2-iP)、玉米素(ZT)、6-苄基氨基嘌呤(BA)和激动素(KT)。

3) 赤霉素

赤霉素在生理上是促进植物体的伸长生长而不改变节间数和细胞数量,在组织培养中往往用于促进已分化的芽的伸长生长,打破种子、块茎、鳞茎的休眠,在栽培中可用于花期调控。赤霉素对根的分化不起作用,使用的只有 GA_3 一种,它是一种天然产物,使用浓度0.1~0.5mg/L。

4) 其他生长调节剂

多效唑、脱落酸、乙烯利等一些生长调节剂在组培上也有一些应用,但使用很少。多效唑可抑制植物顶端分生组织的生长,在组培上使用能抑制地上部的生长,而对根的生长没有影响。脱落酸、乙烯利只在一些特殊的情况下使用,应用很少。一般是促进植物的成熟、脱落,在特殊的培养中,能够获取植物代谢物,可以改变细胞的生理等愈伤组织和细胞培养。

7.1.2.5　其他成分

1）活性炭

活性炭加入培养基中主要是为了吸附植物的有害泌出物,但是活性炭对物质吸附无选择性,既吸附有害物质,也吸附有利物质,因此使用时应慎重考虑,不能过量,一般用量为1‰~5‰。另外,活性炭对形态发生和器官形成有良好效应。活性炭使培养基变黑,这对于根系具有避光生长特性的园艺植物来说诱导生根是有利的。

2）琼脂

琼脂是一种高分子的碳水化合物,从海藻中提取出来,本身不提供任何营养,仅溶解于热水中,冷却后(40℃以下)即凝固为固体状的凝胶。它是一种固化剂,起支撑作用,同时,可以吸附某些代谢有害物质,但也有其缺点。如培养物与培养基的接触(即吸收)面积小;各种养分与激素在琼脂中扩散较慢;培养物排出的一些代谢废物,聚集在表面上,浓度高,抑制组织的代谢活性,加之琼脂不可避免含有杂质,这样就使培养物在固体培养基上的生长速度显著低于在液体培养基中的速度等。

3）pH值

pH值就是酸碱度环境,主要影响植物酶的生化反应等生理过程,同时也影响一些培养基中离子的溶解度,培养的植物材料大多数要求弱酸性的环境(pH5.6~5.8),调整pH值一般用氢氧化钠或盐酸。培养基配制好后经高温灭菌pH值常比原来下降0.2~0.8,因此在调节pH值时要适当留有余地。

7.1.2.6　环境条件

1）光照

组培育苗中光照是重要条件之一,主要体现在光强、光质以及光周期等方面。光照强度对培养细胞的增殖和器官的分化有重要影响,从目前的研究情况看,光照强度对外植体、细胞的最初分裂有明显的影响。一般来说,光照强度较强,幼苗生长的粗壮,而光照强度较弱幼苗容易徒长,离体培养环境条件下,常用的光量一般为1 000~5 000lx。光质对愈伤组织诱导、培养组织的增殖以及器官的分化都有明显的影响,离体培养中一般用日光灯进行补光,它的光谱成分主要是蓝紫光,波长在419~467nm内。光周期影响植物细胞的脱分化和再分化,研究表明,对短日照敏感的品种的器官组织,在短日照下易分化,而在长日照下产生愈伤组织,有时需要暗培养,尤其是一些植物的愈伤组织在暗培养下比在光下更好,在离体培养条件下最常用的周期是16小时的光照,8小时的黑暗。

2）温度

温度是组培育苗成功的重要因素。在组培育苗中大多数采用最适温度,并保持恒温培养,能够达到表现良好的目的。培养物生长的最适温度大致上与植物在原产地生长的最适温度相同。植物适宜的培养温度一般都是在23~27℃之间,因种类而异。在组织培养之前应先对培养材料进行低温或者高温的预处理,可促进诱导和生长。

3）湿度

在组培育苗中,湿度的影响主要有两个方面,一是培养容器内的湿度,它的湿度条件常可保证95％～100％;二是培养室的湿度,它的湿度变化随季节和天气而有很大变动,一般要求室内保持70％～80％的相对湿度。过低会使培养基丧失大量水分,改变各种成分的浓度,提高渗透压,影响组织育苗的正常进行;过高容易引发真菌,造成污染。

4）气体

培养容器中的气体成分会影响到培养物的生长和分化。氧气是组织培养中必需的因素,瓶盖封闭时要考虑通气问题,可用附有滤气膜的封口材料。固体培养基可加进活性炭来增加通气度,以利于发根。培养室要经常换气,改善室内的通气状况。液体振荡培养时,要考虑振荡的次数、振幅等,同时要考虑容器的类型、培养基等。另外,培养室要经常换气,改善室内的通气状况。

7.2　组培育苗技术

为保证组培苗的成功培育,需要配置适宜的培养基,掌握无菌操作技术和控制合适的培养条件。

7.2.1　培养基

培养基直接影响培养材料的生长和发育。组培育苗时,应根据培养材料的种类和培养部位选择适宜的培养基。培养基的种类很多,不同的培养基有其不同的特点。

7.2.1.1　培养基的成分

培养基的基本成分有水、无机成分、有机成分、植物生长调节物质、琼脂等。

（1）无机成分。无机成分有无机大量元素和无机微量元素。无机成分主要有氮（铵态氮、硝态氮）、混合磷（磷酸盐）、钾（钾盐）及钙、硫、镁。无机微量元素主要有铁、硼、锰、锌、铜、钼、钴、氯等。

（2）有机成分主要是糖、维生素、肌醇、氨基酸及有机附加物。

（3）植物生长调节物质有生长素类,如 NAA、IAA、IBA、2,4-D;细胞分裂素类,如 BAP、KT、TDz、ZT;其他类,如 GA3、ABA、PP333。

7.2.1.2　常用培养基的种类及其特点

1）培养基种类

根据培养基态相不同,培养基分为固体培养基与液体培养基。固体培养基是指加凝固剂（多为琼脂）的培养基;液体培养基是指不加凝固剂的培养基。

根据培养过程,培养基分为初代培养基与继代培养基。初代培养（primary culture）是指从母体植株上分离下来的第一次培养。将初代培养得到的培养体移植于新鲜培养基中,这种反复多次移植的培养,称为继代培养。

根据作用不同,培养基分为诱导培养基、增殖培养基和生根培养基。

2) 常用培养基的特点

（1）MS 培养基。MS 培养基是 1962 年 Murashige 和 Skoog 为培养烟草材料而设计的。特点是无机盐和离子浓度高，营养丰富，不需要添加更多的有机附加物，就能满足植物对生理和营养的需求，是目前应用最广泛的一种培养基。

（2）White 培养基。White 培养基又称 WH 培养基，是 1943 年 White 设计的，1963 年做了改良。特点是无机盐浓度较低。它的使用也很广泛，无论是生根培养还是胚胎培养或一般组织培养都有很好的效果。

（3）N6 培养基。N6 培养基是 1974 年由我国的朱至清等为水稻等禾谷类作物花药培养而设计的。特点是成分比较简单，硝酸钾（KNO_3）和硫酸铵（$(NH_4)_2SO_4$）含量高。目前在国内已广泛应用于小麦、水稻及其他植物的花粉和花药培养。

（4）B5 培养基。B5 培养基是 1968 年由 Gamborg 等设计的。主要特点是含较低的铵盐，铵盐可能对不少培养物的生长有抑制作用，但它适合于有些植物如双子叶植物特别是木本植物的生长。

（5）SH 培养基。SH 培养基是 1972 年由 Schenk 和 Hidebrandt 设计的。主要特点与 B5 相似，不用 $(NH_4)_2SO_4$，改用 $(NH_4)H_2PO_4$，是矿质盐浓度较高的培养基。在不少单子叶和双子叶植物上使用效果很好。

（6）Miller 培养基。Miller 培养基与 MS 培养基比较，无机元素用量减少 1/3～1/2，微量元素种类减少，不用肌醇。

7.2.1.3　培养基的配制

1) 母液的配制和保存

为了避免每次配制培养基都要对几十种化学药品进行称量，应该将培养基中的各种成分，按照原量的 10 倍或 100 倍称量，配成浓缩液（即母液）予以保存。这样等到每次配制培养基时，取其总量的 1/10 或 1/100，按比例加以稀释即可。

母液配制时为减少工作量，可以把几种药品配在同一母液中，但是应该注意各种化合物的组合以及加入的前后顺序。由于钙离子、锰离子、钡离子和硫酸根、磷酸根离子容易发生反应生成沉淀，配制时宜予错开。

母液要根据药剂的化学性质分别配制，一般配成大量元素、微量元素、铁盐、维生素、氨基酸、植物生长调节剂等母液，其中维生素和氨基酸可以按照种类分别配制，也可以混在一起配制。具体操作时，应将称量出来的各种药品分别放入一个烧杯，加入少量蒸馏水使之溶解，然后再依次混合加蒸馏水定容。

植物生长调节剂需要单独配制成母液，浓度为 0.1～0.5mg/ml。IAA、NAA、IBA、2,4-D 之类生长素，可先用少量 0.1mol/L 的 NaOH 或 95% 的乙醇溶解，然后再定容到所需的体积。KT 和 BA 等细胞分裂素则可用少量 0.1mol 的 HCl 加热溶解，然后加水定容。

各种母液配完后，分别用玻璃瓶贮存，并且贴上标签，注明母液号、配制倍数、日期等。母液一般在冷藏冰箱中低温保存，储存时间不宜过长，尤其是有机盐母液最好在 1 个月内用完。若发现有沉淀或真菌，不可再用。在配制培养基之前，应将各种玻璃器皿、移液管、量筒、烧杯、吸管、玻璃棒、漏斗、分装用注射器等洗涤干净，充分晾干后放在指定的位置。准备好蒸馏水及封口膜(或棉塞)、牛皮纸、橡皮筋等。

2) 培养基的配制及灭菌

培养基的配制及灭菌按照如下步骤进行：

(1) 确定培养基的用量。例如，需要培养基 30 瓶，按每瓶装入 30ml 计算，考虑分装误差，需要配制 1 000 ml 培养基。

(2) 煮琼脂。按配方称出规定量的琼脂，放在烧杯等沸煮容器中，加入蒸馏水至培养基最终容积的 3/4 左右，加热使之溶解。待琼脂溶解后，加入规定数量的蔗糖，用玻璃棒搅拌均匀。

(3) 量加母液。按培养基的配方要求分别量加各种母液。

(4) 定容。加入蒸馏水直至培养基最终定容。

(5) 调节 pH 值。搅拌培养基充分均匀后，调整 pH 值。培养基的 pH 值因培养材料不同而可能存在差异。多数植物都要求 pH 值在 5.6～5.8 的条件下进行培养。

调节培养基 pH 值常用 0.1mol 的 NaOH 和 0.1molHCl。培养基经高温高压灭菌后，pH 值会下降 0.2～0.8，所以调整后的 pH 值一般应高于目标 pH 值约 0.5 个单位。另外，当 pH 值大于 6.0 后，由于琼脂的凝固能力受到影响，培养基将会变硬；低于 5.0 时，琼脂就不能很好地凝固，因此调节 pH 值还需要考虑琼脂的凝固性能。

(6) 培养基分装。配制好的培养基要趁热分装，分装量以培养容器的 1/4～1/3 为宜。分装太多会缩小培养材料的生长空间，并造成浪费；太少则会因营养不良而影响培养物生长。分装过程中，避免培养基粘到管壁上引起污染。分装后立即包扎或加盖，并做上标记，注明培养基类型、配制日期、配制人员等。

(7) 灭菌。将装入培养基的容器直接装入高压锅内进行灭菌。

灭菌前要检查灭菌锅内的加水量是否淹没电热丝，千万不能干烧，以防事故发生。接通电源升温后，待锅内温度达 100℃左右时，应打开排气阀，排净锅内的冷空气，然后关闭排气阀，继续加热至温度为 121℃时，维持 20～25 分钟，即可达到灭菌的目的。灭菌结束后，让锅内气压自然下降，待压力表指针回到零以后，打开排气阀。排除剩余蒸汽，再打开锅盖取出培养基。

待培养基自然冷却后，放置在阴凉干燥洁净处暂时保存。

7.2.2　外植体的培养

外植体是指植物组织培养中各种用于接种培养的材料，包括植物体的各种器官、组织、细胞和原生质体等。

7.2.2.1　外植体的选择

1) 选择优良的品种及母株

只有具有优良性状的材料，才能繁殖出好的苗。因此要选择纯度高，具备本品种典型特征的母株。

2) 选择健壮的植株

组织培养用的材料最好从生长健壮的无病虫害的植株上采集，选取发育正常的器官或组织，因为这些器官或组织代谢旺盛，再生能力强，比较容易培养。

3）选择最合适的时期

组织培养选择材料时,要注意植物的生长季节和植物的生长发育阶段。如快速繁殖时应在植株生长的最适时期取材,这样不仅成活率高,而且生长速度快,增殖率高。

4）选取大小适宜的材料

实验表明,取材的大小根据不同植物材料而异。外植体太大容易引起污染;外植体太小,愈伤组织形成多,成活率下降。一般选取材料的大小为 $0.5\sim1.0$cm,选取的茎段最好为茎尖;剪取的叶片以嫩叶较好。

5）选取容易灭菌的外植体

接种的材料大部分取自田间,有的是地上部分,有的是埋藏于土中的地下部分,其表面常常附有多种微生物,这些微生物一旦进入培养基,就会迅速滋生,使实验前功尽弃,因此用于培养的外植体在培养之前要进行严格的消毒处理。灭菌时有些外植体的病毒不易被完全灭完,有的在灭菌过程中容易受到伤害,所以要选择灭菌容易的外植体。

7.2.2.2　外植体的灭菌、接种

1）灭菌

外植体在接种前必须灭菌。在灭菌前,先对外植体进行预处理,去掉不需要的部分,将准备使用的植物材料在流水中冲洗干净。把植物放在超净工作台上,用无菌蒸馏水清洗外植体 $2\sim3$ 次,需晃动。把材料再放进 70% 的乙醇中,消毒外植体 $10\sim30$s,时间长短视植物材料情况而定,然后将酒精倒出。再将 0.1% 的升汞($HgCl_2$)倒入有外植体的容器中,消毒 $5\sim10$min,或在 10% 的含氯石灰(漂白粉)澄清液中浸泡 $10\sim15$min。然后用无菌水冲洗 $3\sim5$ 遍。外植体灭菌处理见图 7.2。

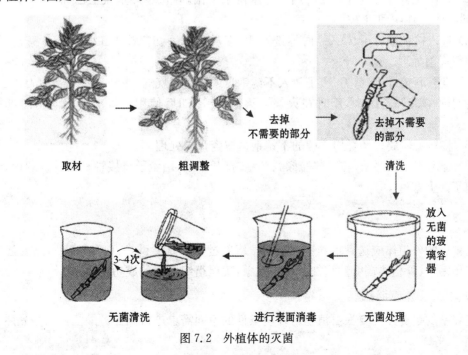

图 7.2　外植体的灭菌

常用于植物材料灭菌的灭菌剂有氯化汞、酒精等。常规的表面灭菌处理方法参见表7.1。

表 7.1　常用灭菌剂的使用及其效果

灭菌剂	使用浓度/%	清除的难易	灭菌时间/min	效果
次氯酸钠	9～10	易	5～30	很好
次氯酸钙	2	易	5～30	很好
漂白粉	饱和浓度	易	5～30	很好
氯化汞	0.1～1	较难	2～10	最好
酒精	70～75	易	0.2～2	好
过氧化氢	10～12	最易	5～15	好
溴水	1～2	易	2～10	很好
硝酸银	1	较难	5～30	好
抗生素	4～50mg/L	中	30～60	较好

2) 接种

接种是指把经过表面灭菌后的植物材料分离出器官、组织、细胞等，接到无菌培养基上的全部操作过程。整个接种过程均须无菌操作。具体步骤如下：

(1) 打开超净工作台和无菌操作室的紫外灯照射灭菌20～30分钟。

(2) 工作人员进入接种室前需用肥皂水洗手灭菌，并在缓冲室换上已经灭菌的白色工作服和拖鞋，戴工作帽和口罩。

(3) 进入接种室后用70％乙醇擦洗双手、接种台和一切需放上工作台的所有器具，对外植体进行灭菌处理。

(4) 点燃酒精灯，将剪刀、镊子放入不锈钢盘或瓷盘内烧灼，冷却后备用。剪刀、镊子等不使用时浸泡在95％乙醇中，用时在火焰上灭菌，待冷却后使用。每次使用前均需进行用具灭菌。

(5) 将外植体放入经烧灼灭菌的不锈钢盘或瓷盘内处理。

(6) 烧灼瓶口和塞子，将培养瓶倾斜拿稳，打开塞子，用镊子将接种材料送入瓶内，烧灼瓶口和塞子并上塞。

7.2.2.3　外植体的培养

接种后的外植体应送到培养室去培养。培养过程中既要调控好培养条件，又要注意防止发生菌类污染、外植体褐变和植株玻璃化现象，确保组织培养的成功。

1) 培养条件的调控

培养室的培养条件要根据植物对环境条件的不同需求进行调控。最主要的是光照、温度、湿度、氧气等。

(1) 光照。光照对离体培养物的生长发育具有重要的作用。通常对愈伤组织的诱导来说，暗培养比光培养更合适，但器官的分化需要光照，并且随着试管苗的生长，光照强度需要不断地加强，才能使小苗生长健壮。一般先暗培养1周，1周后每日光照10～12小时，光照强度从1000～3000lx逐渐过渡。暗培养时可用铝箔或者适合的黑色材料包裹在容器的周围，或置于大纸箱和暗室中培养。

(2) 温度。不同的植物有不同的最适生长温度。培养室温度一般保持在26～28℃。低于15℃或高于35℃，对生长都是不利的。

(3) 相对湿度。培养容器内的相对湿度条件常可保证100%，培养室的相对湿度变化随季节和天气而有很大变动，一般要求室内保持70%～80%的相对湿度。

(4) 氧气。植物组织培养中，外植体的呼吸需要氧气。在液体培养中，振荡培养是解决氧气的有效办法。在固体培养中，对于某些耗氧多的植物要采用通气性好的瓶盖、瓶塞，或用透气膜封口。

一段时间后，由于营养物质的枯竭，水分的散失，以及一些组织代谢产物的积累，必须将组织及时转移到新的培养基上进行继代培养。

2) 污染的预防

污染是指在组织培养过程中培养基和培养材料滋生杂菌，导致培养失败的现象，见图7.3(a)。污染的原因，从病源菌方面来分析主要有细菌和真菌两大类；污染的途径，主要是外植体带菌、培养基及器皿灭菌不彻底、操作人员未遵守操作规程等。一旦发现污染的材料应及时处理，否则将导致培养室环境污染。对一些特别宝贵的材料，可以取出再次进行严格的灭菌，然后接入新鲜的培养基中重新培养。处理污染培养瓶最好在打开瓶盖前先高压灭菌，再清除污染物，然后洗净备用。

3) 褐变的预防

褐变是指在培养过程中外植体内的多酚氧化酶被激活，使细胞里的酚类物质氧化成棕褐色的醌类物质，致使培养基逐渐变成褐色，最后引起外植体变成褐色而死亡的现象，见图7.3(b)。在组织培养中，褐变是普遍存在的，这种现象与菌类污染和玻璃化并称为植物组织培养的三大难题。影响褐变的因素极其复杂，有植物种类、培养基成分、外植体的部位及生理状况等。为了防止褐变，应采取选择适宜的外植体、创造适宜的培养条件、使用抗氧化剂、连续转移、加活性炭等措施。

4) 玻璃化的预防

玻璃化是指植株矮小肿胀、失绿，嫩梢呈水晶透明或半透明，叶片皱缩成纵向卷曲，脆弱易碎等组织畸形的现象，见图7.3(c)。产生玻璃化苗的因素主要有激素浓度过高、琼脂或蔗糖浓度过低、温度高、离子水平、光照时间不足、通风条件不良等。因此可以通过适当控制培养基中无机营养成分、提高培养基中蔗糖和琼脂的浓度、降低细胞分裂素和赤霉素的浓度、增加自然光照，控制光照时间、在培养基中添加活性炭等物质、控制好温度，改善气体交换状况等方法来预防玻璃化。

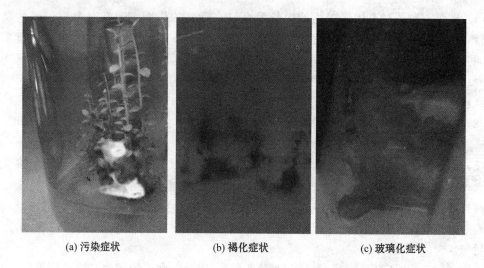

(a) 污染症状　　　　(b) 褐化症状　　　　(c) 玻璃化症状

图 7.3　蓝莓组织培养中的污染、褐化和玻璃化症状

7.2.3　芽的增殖和根的诱导

1）芽的增殖

芽的增殖培养所用培养基可与初代培养基相同,也可根据可能出现的情况,逐渐地调整无机养分比例,或加入活性炭等,以防出现玻璃化或褐化现象。继代培养不需要对接种材料再进行灭菌处理。接种时,先将外植体上的无菌芽剪下,或将已继代过的丛状无菌芽分开,接着用镊子将剪好的接种材料放入培养瓶中,必须确保无菌操作。继代培养期间培养室环境条件的控制,除了不需要暗培养外,光照、温度、湿度和通气条件的控制与初代培养基本相同。

2）根的诱导

当无菌芽增殖到一定规模,选取粗壮的无菌芽(高约 3cm)进行根诱导,使其生根,产生完整植株,以便移植。生根培养基有 3 个特点:无机盐浓度较低、细胞分裂素少或无、糖浓度较低。生根阶段要增加光照强度,达到 3 000~10 000lx。

7.2.4　组培苗的炼苗与移栽

利用组织培养手段培育出来的苗由于长期生长在试管或三角瓶等培养器皿中,与外界环境隔离,在温度、湿度、光照和无菌方面与外界环境相比有很大的差异。组培苗不能适应外界的环境条件,只有使组培苗适应这种差异,才能移栽成活,这就需要有一定的驯化时期。驯化应从温度、湿度、光照及有菌等环境要素进行。驯化初期,应和培养时的环境条件相似;驯化后期,则要与预计的栽培条件相似,从而是组培苗逐步适应外界的环境,提高其光合作用的能力,促使组培苗健壮,最终达到提高组培苗移栽成活率的目的。

组培苗移栽前将其摆放在自然温度的室内 5~7 天,然后打开瓶盖,再放置 2~3 天,移栽时从培养基中用镊子小心地取出试管苗,彻底清洗掉粘在根上的琼脂培养基,避免损坏根系,之后直接移栽或使用 0.1％～0.3％的高锰酸钾或多菌灵等杀菌剂溶液中清洗,然后用清水清洗干净后移入苗床或盆钵,栽后淋足定根水。要选用排水性和透气性良好的移栽介质,例如蛭石、珍珠岩、河沙、草炭和腐殖土等,直接移植前需用 0.3％～0.5％的高锰酸钾进行介质消毒。炼苗在塑料薄膜或玻璃温室内,也可以在遮阳网内进行,必须要保持很高的湿度,使用温室或者温棚时应注意设置通风口,防止浇水高温引起烂苗。

7.3　脱毒苗繁育

植物脱毒苗是指经过脱毒处理和病毒检测,证明确已不带指定病毒的苗木。苗木一旦染上病毒,就会出现生长缓慢、畸形等特征,严重者出现大幅减产和品质下降等问题。植物病毒病由于具有代代相传、逐步加重的特点,因此对无性繁殖苗木来讲,生产中若不及时采取有效措施,将直接影响生产者的经济效益和种植积极性,甚至整个产业的发展。目前,关于病毒病的防治还没有特效药,因此培育脱毒苗成为了解决这一问题的关键。

7.3.1　脱毒苗培育的原理和方法

7.3.1.1　茎尖脱毒

植物体内病毒的移动主要是靠维管束系统完成的,而在分生组织中,由于没有维管束存在,病毒只能靠胞间连丝移动,因此移动速度十分缓慢,难以与生长活跃的分生组织细胞相追逐。因此,利用旺盛生长的根尖、茎尖等组织连续多代地开展增殖培养,将极容易将所带病毒遗弃。植物茎尖脱毒就是利用这一原理完成的。

茎尖脱毒可在春秋两季取材。一般选择植物旺盛的新梢,摘取 2～3cm 的茎段,去掉不需要的部分,无菌条件下用自来水冲洗片刻后用酒精快速消毒,5％漂白粉溶液(或其他消毒剂)消毒 7～10 分钟,无菌水清洗,解剖镜下剥取茎尖。对于多年生植物,休眠的顶芽和腋芽也可以作为外植体材料。虽然切取茎尖越小,带有病毒的可能性就越小,但组织培养中,切取的茎尖太小,则不易成活。不同种类的植物和不同病毒,切取的最适茎尖大小也不同。最后在无菌的操作环境条件下将切取的茎尖接种在已准备好的培养基上,常用基本培养基是 MS 培养基或 White 培养基,它有较高的无机盐浓度,对促进组织分化和愈伤组织生长有利;植物生长调节剂的种类和配比依培养种类和生长时期来调整。

7.3.1.2　热处理脱毒

热处理之所以能去除病毒,主要是利用某些病毒受热以后的不稳定性。病毒和植物细胞对高温的忍耐性不同,病毒对高温敏感,而寄主稍耐高温。利用这一差异,选择适当的温度和处理时间,进行高温处理,就能使寄主体内的病毒浓度不断降低。这样持续一段时间,病毒即自行消失而达到脱毒的目的。

热处理脱毒的通常做法是选择适当的外植体材料,移入热处理室或光照培养箱中,在35～40℃高温下用热空气处理数天到数周不等。例如,1988 年,覃兰英等将草莓在 35℃下热处理 7 天后,逐步升温至 38℃,在相对湿度 40％～68％、光照度 4 000～5 000lx 条件下热处理

35 天后,将长出的新茎茎尖再进行培养,可获得 100% 的脱毒苗。

热处理有一定的局限性。它能降低植株内病毒的含量,但难以获得无毒材料;而且热处理温度越高,时间越长,尽管改善了脱毒效果,但会造成植株代谢紊乱,加大品种变异的可能性。生产上通常采用热处理结合茎尖培养的脱毒方式,获得较高的脱毒率。

7.3.1.3　热处理结合茎尖脱毒

尽管茎尖分生组织常常不带病毒,但不能把它看成是一种普遍的现象。研究表明,某些病毒实际上也能浸染正在生长中的茎尖分生区域。将盆栽苗先进行热处理,处理结束后立即取植株上嫩梢的茎尖进行培养获得脱病毒的植株,或者将试管苗进行热处理,然后从试管苗上切取较大的茎尖,进行热处理结合茎尖培养,不但能更有效地达到脱毒的目的,而且还提高了园艺植物的产量、改善了其品质。

7.3.1.4　微体嫁接脱毒

在有些植物中,特别是在多年生的木本植物中,茎尖培养很难生根成苗。在这种情况下,可通过微体嫁接以获得完整的脱毒植株。

微体嫁接是通过组织培养与嫁接方法相结合来获得无病毒苗的一种新技术。它是将 0.1～1.0mm 的茎尖作为接穗,嫁接到由试管中培养出来的无菌实生砧木上,继续进行试管培养,愈合成为完整的无病毒植株。现在,微体嫁接是成功获得无病毒柑橘的最有效的方法。此外,在杏、桃树、苹果、山茶和辣椒等植物中,这一技术的应用也已获得成功。

7.3.2　脱毒苗的鉴定

脱毒苗的鉴定方法主要有以下几种。

7.3.2.1　外观检测法

带病毒植株往往叶片发黄、凹凸不平、畸形,可根据这些表现来判断,是一种最简单的方法。然而寄主植物感染病毒后出现症状需要的时间较长,还有些病毒症状表现不明显,仅靠这一方法还不够。

7.3.2.2　指示植物检测法

这种方法要求指示植物必须对某种或某些特定病毒非常敏感,而且症状表现十分明显。它是将病叶研磨,将汁液接种到寄主植物上,利用病毒在其植物上产生的枯斑作为鉴别标准。指示植物法方法简单,操作方便,成本低,但灵敏性差,所需时间长。指示植物应根据不同的病毒进行选择。

7.3.2.3　抗血清鉴定法

植物病毒是由蛋白质和核酸组成的核蛋白,因而是一种较好的抗原,给动物注射后会产生抗体,提取含有抗体的血清即可用于病毒检测。通常是将待测植株的一滴汁液加到几种不同的抗血清中,观察哪一抗血清中凝集反应(即产生沉淀),就证明该植株带有哪一种病毒。其特异性高,检测速度快。

7.3.2.4 电子显微镜检测法

利用电镜直接观察材料,看看其中有没有病毒颗粒的存在以及微粒大小、形态和结构,借以鉴定病毒的种类。把病叶切下浸在玻片上的一滴蒸馏水中,经过 $2\sim3s$,在无尘的条件下干燥,然后在电子显微镜下进行观察。这种方法对于检测潜伏病毒非常有用,只是所需设备昂贵、技术复杂。

7.3.2.5 酶联免疫测定法

酶联免疫测定法是将抗原、抗体的免疫反应和酶的高效催化反应有机结合起来的一种综合性技术。是用酶标记抗原或抗体的微量测定法,将抗原固定在支持物上,加入待检血清,然后加入酶(过氧化物酶或碱性磷酸酶)标记的抗体,使待检血清中与对应抗体的特异性抗体结合,最后用分光光度计作出诊断。

7.3.2.6 分子生物学方法

(1) 反转录聚合酶链反应(RT-PCR)。RT-PCR 将待测的样品的总 RNA 与 cDNA 合成的试剂盒进行反应,合成 cDNA,然后利用病毒 DNA 特有的序列设计引物进行 PCR 反应,即可知道在寄主中是否有病毒基因的表达。基本步骤是,首先提取待测样品总 RNA,反转录合成(DNA),根据病毒基因序列设计合成引物,进行 cDNA 扩增,将扩增产物利用琼脂糖凝胶电泳进行检测。该方法具有灵敏、快速、特异性强等优点,检测所需的病毒量少。

(2) 核酸印记技术。核酸印记是根据互补的核酸单链可以相互结合的原理,将一段核酸单链以某种方式加以标记,制成探针,与互补的待测病原核酸杂交,带探针的杂交物指示病原的存在。但是此法的灵敏度和特异性与 RT-PCR 相比要差一些,而且在检测大量样品时,探针的分离比较困难。

7.3.3 脱毒苗的保存与繁殖

7.3.3.1 脱毒苗的保存

一旦培育出脱毒苗,就应该很好地隔离保存。脱毒苗本身并不具有额外的抗病性,它们有可能很快又被重新感染。在实验室进行保存时,一般每月继代一次,可以在培养基中加入生长延缓剂,如 B_9 和矮壮剂可 $2\sim3$ 个月继代一次,也可放到液氮或 4℃冰箱中保存。如果试管苗生产成本过高或移栽困难,可将试管苗选择种植在一定的控制区域,从繁殖技术和环境隔离上保证较高水平,使得繁殖的种苗能有效地防止病毒的再浸染。通常脱毒的原种苗木应种植在隔离网室内,可以防止蚜虫等媒介昆虫的进入。栽培床的土壤应进行消毒,周围环境也要整洁,及时打药。附近不得种植同种植物以及可相互侵染的寄主植物,有许多无性繁殖的植物的种植资源可采用试管苗保存。

7.3.3.2　脱毒苗的繁殖

利用茎尖分生组织培养获得脱毒苗后,要获得大田生产利用的足够的脱毒苗,快繁技术起着决定性的作用,具体见组培育苗技术。除了用组培育苗技术来获得脱毒苗外还有脱毒苗的田间繁育,而防虫的园艺设施是脱毒苗繁育的重要条件之一,包括防虫塑料大棚、防虫网、防虫冬暖大棚等。脱毒苗繁育时必须具备以下条件:

(1) 所栽种的苗必须是脱毒苗;

(2) 在500m内或棚内无普通带毒植物种植;

(3) 所用田块至少3年以上没种过普通植物,且为无病田。在繁育时要始终贯穿防止病毒再侵染的意识,在棚内每隔5～10m种植一些指示植物,每隔15天喷洒一次杀虫药剂,防治蚜虫,以防蚜虫传毒。防蚜虫时最好多种药剂轮换使用,以免蚜虫产生抗药性,达不到防治效果。还要定期逐株观察是否有病毒症状,一旦发现病株要坚决拔除。如果棚内所种植的指示植物表现病毒症状,整个棚内所繁殖的脱毒苗应降级使用。

7.4　组培育苗案例:蓝莓茎段组培育苗

蓝莓是杜鹃花科越橘属植物,具有重要的保健功能,目前已被联合国粮农组织确定为世界五大健康食品之一。茎段组培育苗技术具有用材少、繁殖系数高的优点,是快速繁育蓝莓苗木的重要方法。

7.4.1　取材及预处理

蓝莓组培育苗可用茎尖1.5cm、茎段2.0cm或花芽等作为外植体。但茎段繁殖是基本材料。组培时以春季新发枝长度不超过15cm的枝条为佳。

选择晴天上午取枝,枝条取回来后,流水冲洗2～4小时,然后把植物材料放在超净工作台上,用无菌蒸馏水清洗外植体2～3次。把材料再放进70%乙醇中,消毒外植体20s,并左右晃动。倒出酒精,用无菌水冲洗3～5遍,最后用0.1%的升汞(HgCl₂)消毒5～10min,无菌蒸馏水冲洗3次以上。

7.4.2　外植体接种

将消过毒的外植体在超净工作台上剪去叶片大小的1/2～2/3,按照2～3节切割成段,转移到灭过菌的培养基上。培养基用WPM培养基+10mg/L的玉米素。

接种前超净工作台面用70%乙醇擦洗,再用紫外线灯照射30分钟,接种用的器皿用前在高压锅消毒灭菌,接种过程中用酒精灯多次烤烧灭菌。接种工作人员戴上口罩,双手用酒精棉擦拭2遍,接种时动作一定要快,预防污染。

7.4.3 外植体的培养

将已接种好的培养物放在培养室中培养,培养条件为:温度250℃,相对湿度70%~80%,每日光照12~16h,光强2 000~3 000lx。3天后就可以看到芽萌动,7天后即有70%的芽萌发。20天后,新梢长度可达1.2 cm,叶片数量6~8枚,大小近乎田间正常的1/3。同时,叶色黄绿,鲜嫩,茎段底部膨大,产生明显的愈伤组织。

7.4.4 增殖培养

初代培养30天后将发出的新梢转接在WPM+5mg/L玉米素的培养基上开始增殖。增殖环境条件与初代培养相同。经过连续多代增值培养后,再生苗就开始生长和增殖。多数新梢粗壮,并出现2次枝现象,增殖率可超过12倍。

7.4.5 生根培养

将增殖后的蓝莓枝条剪下扦插于1/2 WPM+0.1mg/LIBA的培养基上,1个月后发现枝条生根率均超过80%。

7.4.6 驯化炼苗

炼苗时,提前3天打开瓶盖进行过渡。移栽时小心把苗从瓶中取出,洗净附着于根部的培养基,注意不要伤根,以免伤口腐烂。移栽季节在春夏季进行,此时小苗长势旺,成活率高。栽后在组培室条件下保持湿度100%的塑料棚中培养15天,然后在湿度80%、透光度70%的室外条件下过渡7天,再逐步通风换气。15天后,完全揭去棚膜。2周后统计成活率发现2∶1~3∶1的草炭与石英砂组合效果最好,成活率为99%,苗木的生长量达1.2 cm以上,新增叶片2~4枚。

7.4.7 苗木成活后的管理

苗木成活后,从育苗盘中取出,全部栽植到2∶1~3∶1的草炭与石英砂组合构成的基质苗床上,每一个月漫灌一次,同时随水追施腐熟的饼肥一次。见草多时,及时人工拔除。3个月后即可达到高度40cm以上,茎粗0.4cm以上。

蓝莓茎段组培育苗的过程表现见图7.4。

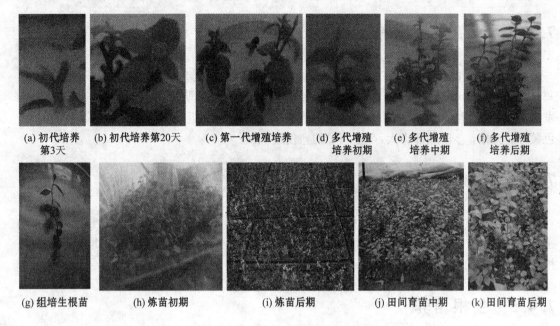

(a) 初代培养 第3天　(b) 初代培养第20天　(c) 第一代增殖培养　(d) 多代增殖培养初期　(e) 多代增殖培养中期　(f) 多代增殖培养后期

(g) 组培生根苗　(h) 炼苗初期　(i) 炼苗后期　(j) 田间育苗中期　(k) 田间育苗后期

图 7.4　蓝莓组培育苗

思考题

1. 组培育苗中,如何增大增殖系数和促进根系诱导?
2. 炼苗时的环境条件要求有哪些? 技术要点包括什么?
3. 脱毒育苗是否存在缺点? 如存在,包括哪些缺点?

8 苗圃建立与管理

8.1 苗圃地的建立

苗圃是专门培育苗木的场所。按照蔬菜、花卉、果树等不同作物所适宜的生态条件,建立起足够数量和具有较高生产技术水平的苗圃是生产的重要环节。

依据使用期的不同,苗圃可分为永久苗圃和临时苗圃。永久苗圃一般面积大,经营年限长,多设在土壤、灌溉、交通条件较好的地方。临时苗圃经营年限较短,通常是在需要扩大育苗生产用地面积时设置的苗圃;依据规模不同,苗圃又可分为小型苗圃和大型苗圃。小型苗圃主要是指一些经营规模不大的个体育苗户,大多在十几亩以下;后者则是指一些较大的生产单位,具备较强的技术力量及管理水平,大多在十几亩以上。

苗圃地条件的好坏,直接影响到苗木的质量、产量和成本。如果苗圃地选择不当,就会给以后的育苗工作造成难以弥补的损失,特别是大规模,使用年限长的苗圃更应注意这个问题。由于苗圃类型各不相同,因此在选择苗圃地时考虑的主要问题也不同,要具体问题具体分析。如露地苗圃应优先考虑适于苗木生长的各种自然条件;而对利用温室大棚培育的容器育苗应优先考虑苗圃的经济条件,其次才是自然条件。一般在选择苗圃地时应考虑到位置、地形、土壤、水源、病虫害等条件。

8.1.1 苗圃地的选择

8.1.1.1 位置

苗圃应设在培育苗木和种苗的发展中心或附近,这样可以保证自然条件适宜,而且种苗离栽种地近,运输较方便,可以减少种苗的损伤。如果不能,也应设在交通方便,靠近公路、铁路或水路的地方,或靠近村镇的地方,以便于及时供应育苗所需的物资材料及劳动力等。圃地周边 3 公里范围内最好没有检疫性病害。

8.1.1.2 地形

应选避风向阳、地势开阔、位置较高而坡度不超过 3°的缓坡地或排水良好的平坦地。坡度太大易引起水土流失,浪费肥料和水分,不利于苗圃地的灌溉和机械化作业。在南方多雨或土壤黏重的地区,为了利于排水,可选在 3°～5°的缓坡地。在山地丘陵地区,因条件限制,尽可能造在山脚下的缓坡地,坡度过大就应修筑梯田,以减少水土流失,促进作物生长和营养物质的积累。

在山地建立苗圃还应考虑坡向问题。不同的坡向,直接影响光照、湿度和土层的厚薄,从而影响苗木的生长。在北方易遭西北风危害的地区,苗圃应设在开阔的阴坡中下部,以西南向为好,那里温度高,昼夜温差小,有利于作物正常生长发育。在南方,苗圃地一般选在东南向、东向和东北向为好。而不能选在南向和西南向,那里日照过强,易造成日灼,从而损伤叶片。在寒流汇集地、秧水地、风寒严重的风口、光照不足的山谷、土壤瘠薄的山顶以及易被大雨淹没的地段不宜建立苗圃。

8.1.1.3　土壤

苗圃地最好选在石砾少、土层深厚、肥力高的砂壤土、壤土和轻黏壤土上。这些土壤结构都比较疏松,透水透气性好,有利于土壤微生物活动、有机质分解以及种子发芽和苗木根系生长,方便土壤耕作和起苗作业。忌选肥力消耗严重的撩荒地和肥力衰退的久耕地。

8.1.1.4　水源

苗圃地的水源要保证水质无污染,且能够随时充分供应。苗圃地下水位要高低适当,一般砂壤土的地下水位在 1.5～2m,轻黏壤土在 2.5～4.0m。如果水位过低,就要增加灌溉次数和灌溉量,增加了育苗成本。水位太高,就会使根系发育不良或使地上部分贪青徒长;而在苗圃灌溉用水中,水质要求为淡水,其中含盐量最好不要超过 0.1%。

8.1.1.5　病虫害

在育苗过程中,常常会因为病虫危害而造成巨大的损失。因此,要坚持"以防为主"的原则,选择病源、虫源较少的地方建圃,或者采取有效措施根除病虫害,否则不宜选作苗圃地。在苗圃选址时,要加强对病虫害的调查,尤其是应该注意病毒病、立枯病、根瘤病、地老虎、蛴螬等的危害程度。

8.1.2　苗圃的规划与设计

8.1.2.1　苗圃面积的确定

人们对苗木的需求量决定苗圃面积的大小。苗圃的总面积包括生产用地和非生产用地两部分。生产用地面积是指直接用于培育苗木的土地,包括实生繁殖圃、营养繁殖圃、移植圃、大苗圃、母树圃以及轮作休闲圃等。非生产用地又叫辅助用地,指非直接用于育苗生产的土地,包括道路系统、排灌系统、房屋建筑、防护林和篱笆等。生产用地所需面积可根据各种苗木的生产任务和单位面积产苗量来计算。而辅助用地的多少直接影响苗圃地的利用率,一般不应超过苗圃总面积的 20%～25%。一般大型苗圃的辅助用地为总面积的 15%～20%,中、小型苗圃为 18%～25%。

8.1.2.2 苗圃规划设计的准备工作

1) 踏勘

由设计人员会同施工和经营人员到已确定的圃地进行实地踏勘和调查访问,概括了解苗圃地的生产历史、现状、地势、土壤、植被、气候、水源、病虫草害等自然条件和居民点、交通等社会经济条件,提出苗圃规划设计的基础资料。

2) 土壤调查

根据苗圃的自然条件、地势及指示植物的分布,选定典型的区域,分别挖取土壤剖面,观察和记载土壤厚度、机械组成、pH 值、地下水位等。必要时可通过采样分层分析,弄清圃地土壤的种类、分布、肥力状况和土壤改良的途径,并在地形图上绘出土壤分布,以便合理规划使用土地。

3) 病、虫、草害和有害动物调查

主要调查圃地的土壤地下害虫,如金龟子、地老虎、蝼蛄、金针虫等,还有有害鼠类以及深根性杂草情况,从而提出病虫草害防治的措施。

4) 气象资料的收集

有条件的可自行收集气象资料,也可以向当地气象台或气象站了解有关的气象资料。

5) 测绘地形图

平面地形图是苗圃进行规划设计的依据。比例尺一般要求为 1∶500～1∶2 000,等高距为 20～50 cm。尽量绘入与设计直接相关的山、丘、河、湖、沟、井、道路、桥梁、房屋、高压线等地上物。最好将圃地的土壤分布和病、虫、草害等情况都标清绘出。

8.1.2.3 苗圃规划设计的主要内容

1) 生产用地

生产用地包括多个作业圃。作业圃是育苗生产的基本单位,其耕作方式基本相同。作业圃的长度由机械化程度决定,完全机械化的长度以 200～300 m 为宜,畜耕的长度以 50～100 m 为宜。而苗圃地的土壤质地和地形是否有利于排水决定作业圃的宽度,排水良好的可宽些,反之则要窄些,一般宽在 40～100 m。作业圃的方向,应根据圃地的地形、地势、坡向、风向等因素综合考虑。一般情况下,作业圃的长边采取南北方向为宜,有利于苗木受光均匀,促进生长。当坡度较大时,作业圃的长边最好与等高线平行。

作业圃具体有实生繁殖圃、营养繁殖圃、移植圃、大苗圃、引种驯化圃、母树圃等几个圃。在生产中,可根据实际情况进行取舍。

(1) 实生繁殖圃。实生繁殖圃是培育实生苗的区域。由于幼苗抵抗不良环境影响的能力较弱,应选设在全圃地势较高、平坦、接近水源、排灌方便、土壤肥沃、背风向阳、便于防霜冻、管理方便的区域,最好靠近管理区。

(2) 营养繁殖圃。营养繁殖圃是培育扦插苗、压条苗、分株苗和嫁接苗的区域。立地条件与实生繁殖圃的条件基本相同。珍贵树种扦插、嫩枝扦插和冬季扦插都应靠近管理区。

(3) 移植圃。移植圃又叫小苗圃,是培育实生繁殖圃和营养繁殖圃中的出圃苗木继续成为大苗的作业圃。根据苗木规格和生长速度,移植圃应每隔 2~3 年间伐一次,逐渐扩大株行距,增加苗木营养面积。移植圃一般设在土壤条件中等、地块大而整齐的地方。

(4)大苗圃。大苗圃是培育大体型、大苗龄的各类苗木圃。在大苗圃培育的苗木出圃前不再进行移植,培育年限较长。大苗圃一般选在土层较厚、地下水位较低、地块整齐、运输方便的区域。在树种配置时,要注意不同树种的生态习性要求。

(5)引种驯化圃。引种驯化圃是为培育和驯化由外地引入的品种的区域。它对土壤、水源等条件要求较严,需要配备专业人员管理,应靠近管理区以便于观察记录。此区可单独设立试验区或引种区,也可两者结合。

(6)母树圃。母树圃是提供优良种子、插条、接穗等繁殖材料的区域。可利用零散地块栽植,但要求土壤深厚、肥沃及地下水位较低,对栽培条件、管理水平等要求较高。

2)非生产用地

(1)道路系统。苗圃道路网的配置和宽窄,会影响工作效率和土地利用率。主干路作为苗圃中心与外界联系的主要通道,宽度一般设为 4~6m。支路设在主干道两侧,宽度一般为 1~2m。为方便作业人员作业和田间管理时的通行,可设置宽为 0.5~1m 的步道。

(2)排灌系统。排灌系统应均匀设置在各作业圃内,结合道路统一规划。一般排灌系统多设在主干道两侧,沟渠比不超过千分之一。

(3)房屋建筑。房屋建筑包括宿舍、机具室、办公室、化肥贮藏室、农药贮藏室、蓄水池、苗木窖、场院等。一般选在地势较高、干燥和便于经营管理的地方。

(4)防护林或篱笆。防护林和篱笆可以将圃地圈在中间,为作物生长制造小气候环境。有利于减少风、沙、寒、旱、动物的危害,保证幼苗正常生长发育、优质、丰产。

8.2　苗圃地的管理

苗圃地的管理直接关系到日后的质量、产量和成本。为培育优质苗木,合理进行苗圃地管理十分重要。

8.2.1　整地

整地包括翻耕、耙地、平整、镇压等。一般在春、秋季,土壤含水量达 60% 时进行翻耕。播种苗翻耕深度要在 25cm 以上,而营养繁殖苗翻耕深度要在 30cm 以上。在干旱地区翻耕深度以 25~30cm 为宜;在盐碱地以 40~50cm 为宜;在沙地宜浅;在黏土地宜深。在冬季无积雪的地区和春季干旱多风的地区可随耕随耙;在圃地湿润、土壤黏重、低洼盐碱和冬季有积雪的地区,秋耕后可不耙,来年早春再耙。对于土壤黏重的不镇压;对于含水量多的暂不镇压;对于土壤疏松而较干的可作床后进行镇压,也可在播种后镇压。

8.2.2　土壤消毒和改良

育苗前要根据具体情况,采用药剂消毒或烧土等方法对土壤进行处理。

对土壤瘠薄的圃地要逐年增施有机肥,土壤偏沙的混拌泥炭土,土壤偏黏的混沙,土壤偏酸的施石灰或草木灰等,土壤偏碱的混拌生石膏或泥炭土、松林土。

8.2.3 轮作

根据作物特性和圃地肥力,实行不同品种苗木的轮作或苗木与绿肥、牧草、农作物轮作,做到"养用结合",以充分利用和调节土壤养分,提高土壤肥力。

8.2.4 施肥

苗圃地施肥要坚持以有机肥为主,无机肥为辅和施足基肥,适当追肥的原则。

有机肥适宜作基肥,含大量有机物,改良土壤效果好,肥效长。生产上常使用的有机肥种类有堆肥、厩肥、饼肥、绿肥、泥炭、腐殖质、人粪尿、家禽粪、海鸟粪、油饼、鱼粉等等。有机肥施用时必须经过充分腐熟,也可适当与无机肥混合施用。

追肥以速效肥为主,包括水溶性化肥和完全腐熟的有机。施用时可在行间开沟,将肥料施于沟内,然后盖上土;也可用水将肥料稀释后,喷洒浇灌于苗行间。追肥应在苗木生长期进行,一般在生长初期以施氮、磷肥为主,中期以施氮肥为主,后期以施磷、钾肥为主。同时,应注意微量元素和根外施肥的应用。

施肥要与改良土壤的理化性状相结合。所以,为及时掌握土壤的水、肥、气、热及 pH 值等情况,宜 3～5 年测定圃地土壤理化性质一次。

8.2.5 灌溉与排水

灌溉要适时适量,通常保持田间持水量的 40%～60% 为宜。对容易积水的圃地,还应注意及时排水。现阶段常用喷灌的方法灌溉,既方便又节省人力。

8.2.6 病虫害防治

为减少苗圃地病虫害,应注意苗圃地的立地条件选择,同时对圃地进行精耕细作,做好种子、土壤的消毒工作和苗圃地的田间管理,以提高苗木抗病能力。对发生的病虫害,也应积极实施药剂防治。

8.3 苗圃档案管理

苗圃档案是苗圃生产历史和现状的真实记录,也是总结生产经验的真实依据。从规划设计、土建施工之日起,苗圃就应有专人不间断地对苗圃的各项生产活动及其结果,按照一定的计划或项目记录,并在一定时期内将这些材料整理成册,归类为科技档案,以便于今后查询、参考。

苗圃档案的主要内容包括苗圃基本情况档案,苗圃土地利用档案,育苗技术措施档案,苗木生长发育档案,气象观测档案,苗圃土地轮作档案,苗圃作业档案,苗木销售档案。

8.3.1　苗圃基本情况档案

记载苗圃的位置、面积、经营条件、自然条件、地形图、土壤分布图、苗圃区划图、固定资产、仪器设备、机具、车辆、生产工具以及人员及组织结构等情况。

8.3.2　苗圃土地利用档案

以作业圃为单位,记载苗圃地原来的地貌特点和现在的耕作情况。可参照表8.1把各作业圃的面积、育苗方法、作业方式、整地方法、施肥和施用除草剂的种类、数量、方法和时间、灌水数量、次数和时间、病虫害的种类、苗木的种类、产量和质量等情况逐年记载清楚,并每年绘制出一张土地利用情况的平面图。

表 8.1　苗圃土地利用记录

作业区号				作业区面积					
年度	树种	育苗方法	作业方式	整地记录	施肥记录	除草记录	病虫害记录	苗木质量	备注

8.3.3　育苗技术措施档案

可参考表8.2记载苗木从种子发芽或种条处理开始,到起苗、包装等为止的整个生产过程中采用的一系列技术措施,为分析总结育苗经验,提高育苗技术提供依据。

表 8.2　育苗技术措施

育苗年度							
树种		育苗面积		苗龄		前茬	
繁殖方法	实生苗						
	扦插苗						
	嫁接苗						
	移植苗						
整地	整地日期		耕地深度		作畦日期		
施肥		日期	种类	量	方法		
	基肥						
	追肥						

（续表）

灌溉	次数	日期	方法及时长			
	1					
	2					
中耕	次数	日期	方法			
	1					
	2					
病虫害	次数	名称	发现日期	防治日期	方法	效果
	1					
	2					
	3					
出圃		日期	面积	合格苗率		
	实生苗					
	扦插苗					
	嫁接苗					
包装						
备注						

8.3.4 苗木生长发育档案

对各种苗木进行观察,参考表 8.3 记载其生长过程,以便了解掌握各种苗木的生长规律、自然条件及人为因素对苗木生长的影响,从而适时地采取不同的培育措施。

表 8.3 苗木生长情况表

年度						
树种		苗龄		繁殖方法		
芽膨大期		展叶期		开始落叶期		
	月 日	月 日	月 日	月 日	月 日	
苗高						
根茎粗						
枝长						

	级别	标准		数量	产量
出圃	一级	高度			
		根茎			
		根系			
		冠幅			
	二级	高度			
		根茎			
		根系			
		冠幅			
	三级	高度			
		根茎			
		根系			
		冠幅			
	不合格苗				
	其他				

8.3.5　气象观测档案

通过对气象因子的观测记载，可以帮助我们分析气象变化与苗木生长和病虫害的发生发展的关系，从而确定适宜措施，利用有利气象因素，减免灾害性天气的影响。一般苗圃的气象资料可以从附近气象台、站抄录，有条件也可以自己在保护地苗圃观测记载。

8.3.6　苗圃土地轮作档案

记载当前的轮作计划和实际执行情况以及轮作后的种苗生长情况，以便今后更好地调整安排轮作计划。

8.3.7　苗圃作业档案

通过作业档案，可以了解苗圃每天所进行的各项生产活动，便于检查总结。同时，还可以统计各苗木种类、用工量、物料的使用情况、成本核算等，制定合理定额、更好地组织生产服务、提高劳动生产率。

8.3.8　苗木销售档案

记载每次苗木销售的种类、数量和去向等，以了解种苗销售的市场需求、栽植后的情况和品种流向分布。

建立苗圃档案的要求有：

(1) 要真正落实，长期坚持，以保证资料的系统性、连续性、完整性；

(2) 要设专职或兼职管理人员。人员保持稳定，工作调动时，要及时另配人员并做好交接工作；

(3) 观察记载要认真负责，实事求是，及时准确。要边观察边记载，做到简明、全面、清晰；

(4) 一个生产周期结束后，有关人员应及时对记载材料进行汇总整理，并按其形成时间或重要程度等分类整理装订、登记造册，归档、长期妥善保管。现阶段一般都输入计算机中贮存。

建立苗圃档案后，还要对这些档案信息进行加工处理，以便于查阅。同时还要加速信息传输，及时和最大限度地满足档案用户的需求，实现档案信息共享。

8.4　苗木出圃与保存

苗木出圃是育苗工作的最后一个环节。苗木质量的好坏、栽植成活率的高低以及幼树的生长势等都与出圃过程有很大关系，为保证质量，必须严格按照有关技术规程要求，搞好苗木出圃。

8.4.1　出圃准备

8.4.1.1　苗木调查

对将要出圃的苗木进行抽样调查，以掌握各类苗木的数量与质量，为苗木出圃和营销工作提供依据。苗木调查工作程序为：划分调查区、测量苗床面积、确定样地、苗木调查、统计分析。

8.4.1.2　制订计划与操作规程

苗木出圃计划内容主要包括：出圃苗木基本情况、劳力组织、工具准备、苗木检疫、药品消毒、场地安排、材料包装、掘苗时间、苗木贮藏、运输及经费预算等。掘苗操作规程主要包括：挖苗要求，分级标准，苗木打叶、修苗、扎捆、包装、假植的方法和质量要求。

8.4.1.3　策划营销

通过现代信息网络、媒体及多种信息渠道，获得信息，从而传递信息。抽调专业人员搞好营销，并与购苗单位保持密切联系，以保证及时装运，确保栽植成活率。

8.4.1.4　圃地浇水

起苗前，如苗圃地土壤比较干旱，应提前10天左右对圃地进行灌水，以确保圃地土壤含水适宜，土壤松软，以便于起苗，减少根系损伤，利于苗木成活。

8.4.2　起苗

8.4.2.1　起苗时间

起苗时间应结合植苗季节、劳力配备及越冬安全等情况而定。冬季土壤结冻的地区，除雨季造林用苗随起随栽外，大多都在秋季苗木生长停止后和春季苗木萌动前起苗。

秋季起苗一般在立冬前后进行。起苗前，如果土壤比较干旱应及时灌水，以减少起苗时根系的损伤。在冬季寒冷苗木易受冻地区，应在秋季起苗后立即进行假植，以利于苗木越冬。而春季起苗一般在苗木萌动前进行，可免去假植和恶劣气候对苗木的危害。

8.4.2.2　起苗方法

因为苗木种类和大小的差异，种苗可以分为带土和不带土两种。一般情况下，由于苗木生长季起苗蒸腾量大，而年龄较大的苗木根系恢复困难，所以苗木都需带土球。

裸根起苗时，应在苗木的株行间开沟挖土，待露出一定深度的根系后，斜切掉过深的主根，取出苗木，并抖落泥土。起苗前如天气干燥，应提前2~3天对起苗地灌水，使土质变软，便于操作。

一般果树采用带土球起苗方法。带土球起苗时，可先将树冠用草绳扎起，再将苗干周围无根生长的表层土壤铲除，在应带土球直径的外侧挖一条操作沟，沟深与土球高度相等，沟壁应垂直，细根可用铁锹斩断，3cm以上的粗根应用锯子锯断，挖至规定深度，用锹将土球表面及周围修平，使土球上大下小呈苹果形，主根较深的树种土球呈萝卜形，土球上表面中部稍高，逐渐向外倾斜，其肩部应圆滑，不留棱角。自上向下修土球至一半高度时，应逐渐向内缩小至规定的标准，最后用锹从土球底部斜着向内切断主根，使土球与土底分开，在土球下部主根未切断前，不得硬推土球或硬掰动树干，以免土球破裂和根系断损。

有些苗因根系延伸较远，吸收根群多在树冠投影范围以外，因而起土球时带不到大量吸收根，必须断根缩土球。其方法是在起苗前1~2年，在树干周围按冠幅大小开沟，灌入泥浆，使根系受伤，并在黏土圈发生新根，起苗时，在黏土圈外起土球包扎。

起苗时，应该做到：少伤侧根、须根，保持根系比较完整和不折断苗干，不伤顶芽。而且，起苗后要立即在蔽阴无风处选苗，剔除废苗。

8.4.3　苗木分级

为了保证出圃苗木合乎规格，栽植后生长整齐美观，便于统一管理，应根据一定的质量标准把苗木分成若干等级。在苗木起出后，应立即选背风、阴湿处进行分级工作，以减少苗木水分丧失。一般可按苗高、胸径、地径、根系、病虫害和机械损伤状况等分级。通常可分为合格苗、不合格苗和废苗3类。

8.4.3.1　合格苗

合格苗是指具有良好的根系、优美的株形、一定的高度。合格苗根据其高度和粗度的差别，又可分为两个等级，即一级苗和二级苗。

8.4.3.2　不合格苗

不合格苗是指需要继续在苗圃培育的苗木，其根系、株形不完整，苗高不符合要求，也可称小苗或弱苗。

8.4.3.3 废苗

废苗是指无培养前途的质量太差的苗木,包括病虫害苗、缺根和伤茎苗等。除少数可作营养繁殖的材料外,一般皆废弃不用。

部分苗木出圃规格见表 8.4、表 8.5、表 8.6、表 8.7,部分蔬菜穴盘成苗规格见表 8.8。

表 8.4 葡萄苗的质量指标

种类	项	目	一级	二级	三级
自根苗	品种纯度		≥98%		
	根系	侧根数量/条	≥5	≥4	≥4
		侧根粗度/cm	≥0.3	≥0.2	≥0.2
		侧根长度/cm	≥20	≥15	≥15
		侧根分布	均匀、舒展		
	枝干	成熟度	木质化		
		高度/cm	≥20		
		粗度/cm	≥0.8	≥0.6	≥0.5
	根皮与茎皮		无新损伤		
	芽眼数/个		≥5		
	病虫危害情况		无检疫对象		
嫁接苗	品种纯度		≥98%		
	根系	侧根数量/条	≥5	≥4	≥4
		侧根粗度/cm	≥0.4	≥0.3	≥0.2
		侧根长度/cm	≥20		
		侧根分布	均匀、舒展		
	枝干	成熟度	充分成熟		
		枝干高度/cm	≥30		
		接口高度/cm	10~15		
		粗度/cm 硬枝嫁接	≥0.8	≥0.6	≥0.5
		绿枝嫁接	≥0.6	≥0.5	≥0.4
		嫁接愈合程度	愈合良好		
	根皮与茎皮		无新损伤		
	接穗品种芽眼数/个		≥5	≥5	≥3
	砧木萌蘖		完全清除		
	病虫害情况		无检疫对象		

(引自 NY469-2001《葡萄苗木》)

表 8.5　梨苗的质量指标

项　目		一级	二级	三级
品种纯度		≥95%		
根系	主根长度/cm	≥25.0		
	主根粗度/cm	≥1.2	≥1.0	≥0.8
	侧根数量/条	≥5	≥4	≥3
	侧根粗度/cm	≥0.4	≥0.3	≥0.2
	侧根长度/cm	≥15.0		
	侧根分布	均匀、舒展而不卷曲		
根皮与茎皮		无新损伤；无干缩皱皮；旧损伤处总面积≤1.0cm²		
基砧段长度/cm		≤8.0		
倾斜度		15°以下		
苗木高度/cm		≥120	≥100	≥80
苗木粗度/cm		≥1.2	≥1.0	≥0.8
饱满芽数/个		≥8	≥6	≥6
接口愈合程度		愈合良好		
砧桩处理与愈合程度		砧桩剪除，剪口环状愈合或完全愈合		

（引自 NY475-2002《梨苗木》）

表 8.6　桃苗的质量指标

项　目		二年生	一年生	芽苗
品种纯度		≥95%		
根系	侧根数量/条	≥4(毛桃、新疆桃)		
		≥3(山桃、甘肃桃)		
	侧根粗度/cm	≥0.3		
	侧根长度/cm	≥15.0		
	侧根分布	均匀、舒展而不卷曲		
根皮与茎皮		无新损伤；无干缩皱皮		
倾斜度		≤15°	—	
苗木高度/cm		≥80	≥70	—
苗木粗度/cm		≥0.8	≥0.5	—
饱满芽数/个		≥6	≥5	接芽饱满,不萌发
接口愈合程度		愈合良好		

（续表）

砧桩处理与愈合程度	砧桩剪除，剪口愈合良好
枝干病虫害	无介壳虫
病虫害	无根癌病和根结线虫病

（引自 NY5114-2002《无公害食品 桃生产技术规程》略有修改）

表 8.7 茄子、西瓜、黄瓜嫁接苗成苗标准

名称	株高/cm	茎粗/cm	叶片	苗龄/天	其 他
茄子	20～24	0.4～0.6	8～10	70～80	叶色浓绿，现蕾，根系发达，无病虫害
西瓜	15～18	0.5～0.7	3～4	50～55	根系发达，叶色浓绿无病虫害
黄瓜	15～18	0.5～0.7	2～3	40～45	根系发达，叶色浓绿无病虫害

表 8.8 部分蔬菜穴盘成苗标准

蔬菜种类	穴盘类型/孔	苗龄/天	成苗标准/叶片数
春黄瓜	72	25～35	3～4
伏秋黄瓜	128	15～20	2～3
春辣椒	128	45～50	7～8
夏辣椒	128	30～35	6～7
春茄子	72	50～55	6～7
秋茄子	128	30～35	4～5
春番茄	72	40～45	6～7
夏秋番茄	128	30～35	4～5
西芹	128	50～55	5～6
生菜	128	35～40	4～5
嫁接西瓜	50	50～55	3～4

8.4.4 苗木检疫与消毒

苗木检疫是防止病虫害传播的有效措施，凡带有国家规定检疫对象的苗木，均不得出圃，应就地销毁。运往外地的苗木，应按国家和地区的规定检疫重点的病虫害。如发现规定的检疫对象，应禁止出售和交流。引进苗木的地区，还应将本地区或单位没有的严重病虫害列入检疫对象。育苗单位及苗木调运人员必须严格遵守植物检疫条例，做到从疫区不输出，新区不引入。

除严格控制检疫性病虫害传播外，也应该防治一般病虫害。因此，出圃苗木应进行消毒。可以进行杀菌处理和灭虫处理。

8.4.5　包装运输与贮藏

为减少苗木水分的流失,提高植株栽植的成活率,对于裸根苗木的长途运输或贮藏,必须将苗木根系进行妥善的保水处理,然后进行包装,并在运输过程中不断检查根系状况,以免根系损伤。

包装前,为保持苗木水分平衡,可用苗木沾根剂、保水剂或泥浆处理根系;也可通过喷施蒸腾抑制剂处理苗木来减少水分丧失。包装整齐的苗木便于搬运、装卸,还可避免机械损伤。运输苗木要根据苗木种类、大小和运输距离,采取相应的包装方法。在包装明显处附以注明品种、苗龄、数量、等级的标签。

苗木包装后,要及时运输,途中要注意通风,必要时还要洒水。在冬季长途运输时,要特别注意做好保温、保湿工作。要尽可能地缩短运输时间,在苗木到达目的地后,要立即打开苗木包装,选适宜的地方进行假植。如果在运输时间过长且苗根严重失水的情况下,应先将苗木根部用水浸若干小时再进行假植或栽植。

如果有不能及时移植的苗木,应立即进行假植。假植就是将苗木根系用湿润土壤进行暂时埋植,防止根系干燥。因为苗木的根系比地上部怕干,细根又比粗根怕干,因而要保护苗木首先要保护好根系。假植又分为两种,即临时假植和越冬假植。临时假植一般不能超过5～10天。而越冬假植要选在地势高、背风、排水良好的地方进行。假植后应该要经常观察苗木成活情况,以防止苗木风干、霉烂和遭受鼠、兔等的危害。

为了更好地保证苗木安全越冬,推迟苗木萌发,以达到延长栽植时间的目的,可以利用室内贮藏苗木。室内贮藏温度多控制在1～5℃,又称低温贮藏。而低温贮藏苗木的关键是要控制好温度、湿度和通气条件。一般温度以1～5℃最为适宜,南方苗木可稍高,1～8℃;北方苗木可更低,约−3～3℃。低温贮藏可以减少苗木的呼吸消耗,但如果过低就会冻伤苗木。而相对湿度大多控制在85%～100%,高湿可减少苗木水分的流失。有条件的还可以利用冷藏库、冰窖、地窖、地下室等进行贮藏。

8.5　苗木质量评价与控制

近年来,良种良苗已成为了园艺业发展的关键。优质苗木又称壮苗,表现为生命力旺盛,抗逆性强,栽植成活率高,生长快。要生产符合园艺发展所需的壮苗,就要严格控制苗木质量,按标准生产。

8.5.1　苗木质量评价

过去对苗木质量的评价主要是根据苗高、根系状况等形态指标。但近来,随着社会的发展,苗木质量评价的研究也有了较快发展,苗木生理指标和苗木活力的表现指标也成为评价苗木质量的重要方面。

壮苗应具备发达的根系,大小适宜,要有较多的侧根和须根,根最好不劈不裂。因为根系是为苗木吸收水分和矿物质营养的器官,根系完整,栽植后能较快恢复生长,及时给苗木提供营养和水分,从而提高栽植成活率,并为以后苗木的健壮生长奠定有利的基础。苗木带根系的大小应根据不同品种、苗龄、规格、气候等因素而定。苗木年龄和规格越大,温度越高,带的根系也应越多。

苗木的地上部分与根的比例要适当。茎根比大的苗木根系少,地上/地下比例失调,苗木质量差。

苗木的高径比值要适宜。高径比是指苗木的高度与根茎直径之比,反映苗木高度与苗粗之间的关系。高径比适宜的苗木,生长均匀。高径比主要取决于出圃前的移栽次数,苗间的间距等因素。

苗木要生长健壮,骨架基础良好,枝叶分布均匀。总状分枝的大苗,顶芽要生长饱满,未受损伤。苗木在幼年期具有良好骨架基础,长成之后,长势健壮,枝叶繁茂,色泽正常,上下匀称,生活力旺盛。

苗木要无病虫害和机械损伤。如有危害性的苗木应禁止出圃,否则苗木生长发育会比较差,长势弱,冠形不整,影响产量。同时还会起传染的作用,使其他苗木受侵染。

8.5.2　苗木质量控制

8.5.2.1　种子处理

选择遗传和播种品质都优良的种子播种是培育高质量苗木的先决条件,是培育壮苗的基础。播种前的种子处理是实生苗培育的关键技术之一。一般包括种子精选、种子消毒、催芽、药剂处理等。处理后,可以促进种子发芽的速度及整齐度,培育生长健壮的幼苗,缩短作物的生育期,促进作物早熟,同时能够预防病虫害的发生。

8.5.2.2　播种时间

播种时间对苗木的质量和产量影响也较大。一般春季是大多数作物播种的季节,适时早播,能适当延长苗木生长期,便于苗木尽早达到所需标准。

8.5.2.3　育苗密度

育苗密度是指单位面积苗床上的苗木数量。合理的育苗密度是培育壮苗、提高经济效益的重要因素。其中,地径和苗高是反映苗木质量的重要指标。一般苗矮的,茎部会相对粗壮,能培育出壮苗。降低育苗密度,有利于增大营养面积,使幼苗粗壮,有利于培育壮苗,但相应会造成单位面积产苗量降低,加大成本。相反,增大育苗密度,有利于增加单位面积产苗量,降低成本,但由于苗期营养面积过小,培育出的幼苗易徒长,花芽分化延迟,落花率高。

培育木本壮苗一般要保证 $64 \sim 100 cm^2$ 的营养面积,工厂化育苗时按照穴盘孔数来定,如黄瓜、西瓜可选用 50 孔或 72 孔穴盘;番茄、茄子可选用 72 孔穴盘,青椒及中熟甘蓝可选用 128 孔穴盘,芹菜一般选用 288 孔和 392 孔的穴盘,油菜、生菜一般选用 288 孔的穴盘。但是,如果因条件限制保证不了应有的营养面积,可适当地蹲苗。

8.5.2.4　灌溉

对于大多数苗圃来说,对刚播种的或已发芽的种子进行灌溉,应以少量多次为主,要保持床面湿润,喷灌时要掌握水量少、雾滴细、水过表面湿的程度。幼苗期灌水量应随着根的生长而增加,每次灌水深度要达到根系的分布深度。而且灌水次数要逐渐减少,以保证苗床湿润而不是过湿。速生期应按量多次少的原则进行灌溉,促进苗木生长。进入苗木硬化期后控制灌溉,只要苗木不萎蔫,原则上不再灌溉。但灌溉又受树种、苗木发育阶段、天气条件、土壤条件等因子影响,这些因子会随苗圃的不同而发生变化。所以,对于一个苗圃来说是合理的灌溉制度,不一定适合另一个苗圃。

8.5.2.5　施肥

苗木施肥应根据气候条件、土壤肥力状况和苗木在各个生长时期对肥力的需求,将各种营养元素科学搭配、合理施用。一般苗木幼苗期需肥量较少,可喷洒1～2次氮肥或磷肥,以促进苗木根系生长,增强苗木抗逆性。速生期苗木代谢旺盛,对氮、磷、钾要求都很高,需追施以氮肥为主的复合肥料。生长后期,需氮肥量下降,需磷、钾肥增多,应停施氮肥,增施磷、钾肥,以促进根系发育、冬芽形成和苗木木质化。

8.5.2.6　截根

截根是对苗木根系采取的一种培育措施,通过截断苗木主根,控制主根的生长,促进苗木多发侧、须根,形成发达的根系,加速苗木生长,提高苗木质量,调整苗木地上与地下部分的比例,提高成活率。一般在幼苗长出4～5片真叶,苗根尚未木质化时截根,截根的深度约为5～15cm。截根的方法目前主要有平截、扭根、侧方修根和盒式修根等。

8.5.2.7　截顶

截顶,又称打尖,是对苗木地上部分进行整形修剪的措施之一,常用的整形修剪方法有抹芽、打尖、截干、疏叶、短截等。通过截顶,可控制苗高,促进侧枝生长,减轻根部供应负荷,减少植物的蒸腾,便于苗木移植,提高了苗木的成活率,获得大而整齐的苗木。

8.5.2.8　移栽

把苗木从原来生长的苗床上取出,更换育苗地并按规定的株行距栽种,让小苗更好地生长发育,这种操作方法叫做移栽。

蔬菜育苗一般在幼苗长出2～3片真叶后,结合间苗进行移栽。移植应选在阴天,移栽后要及时灌水并进行适当的遮阴。

移栽扩大了苗木的株行距,增大了苗木的生长空间,有利于形成地径粗壮的苗木,而且在起苗过程中切断了过长主根,移栽后刺激了侧根和须根的生长,有效地促进苗木产生发达的根系。同时,移栽的过程也是一个淘汰那些生长不良和预期不能发育成大苗的小苗的过程。

思考题

1. 试谈谈苗圃档案管理的重要性。
2. 苗木出圃的质量标准产生的背景是什么?

参 考 文 献

[1] 别之龙,黄丹枫. 工厂化育苗原理与技术[M]. 北京:中国农业出版社,2008.

[2] 任叔辉. 园林苗圃育苗技术[M]. 北京:机械工业出版社,2011.

[3] 章镇,王秀峰. 园艺学总论[M]. 北京:中国农业出版社,2003.

[4] 龚维红. 园艺植物种苗生产技术[M]. 苏州:苏州大学出版社,2009.

[5] 陈火英. 现代种子种苗学[M]. 上海:上海科学技术出版社,1999.

[6] 别之龙,黄丹枫主编. 工厂化育苗原理与技术[M]. 北京:中国农业出版社,,2008.

[7] 李二波,奚福生,颜慕勤,等. 林木工厂化育苗技术[M]. 北京:中国林业出版社,2003.

[8] 苏金乐. 园林苗圃学[M]. 北京:中国农业出版社,2003.

[9] 刘海河,张彦萍. 蔬菜穴盘育苗技术[M]. 北京:金盾出版社,2012.

[10] 杨维田,刘立功. 穴盘育苗[M]. 北京:金盾出版社,2011.

[11] 郑建福. 容器育苗技术在林业生产中的推广应用[J]. :48-49.

[12] 毛久庚,唐懋华,魏猷刚,甘小虎,章鸥. 南京市蔬菜工厂化育苗的现状及展望[J]. 江苏农业科学,2011 (01):190-191.

[13] 顾建新,李芳艳,王蓉,冯世强,高启明. 草莓组培工厂化育苗大规模生产技术[J]. 2008:131-133.

[14] 陈浩. 辣椒与茄子的工厂化育苗操作规程[J]. 农技服务,2011(02):157-158.

[15] 曹建华,林位夫,陈俊明. 砧木与接穗嫁接亲和力研究综述[J]. 热带农业科学,2005(04):64-69.

[16] 辜松. 2JC-350型蔬菜插接式自动嫁接机的研究[J]. 农业工程学报,2006(12):103-106.

[17] 杨世杰,卢善发. 植物嫁接基础理论研究(上)[J]. 生物学通报,1995(09):10-12.

[18] 毕兆东,孙淑萍. 不同基质与NAA对百合鳞片扦插繁殖的影响[J]. 南京农专学报,2002(03):45-48.

[19] 姚青菊,夏冰,彭峰. 石蒜鳞茎切片扦插繁殖技术[J]. 江苏农业科学,2004(06):108-110.

[20] 黄宇翔,陈华,刘金燕,王肇剑. 东方百合鳞片扦插繁殖研究[J]. 中国农学通报,2005(10):273-275.

[21] 闫永庆,刘宏伟. 毛百合繁殖生物学研究(V):毛百合的鳞片扦插[J]. 东北林业大学学报,1994(06): 18-23.

[22] 张长青,李广平,朱士农,等. 兔眼越橘茎段快繁高效技术研究[J]. 果树学报,2007(06):837-840.

[23] 孙丽娟,吴森,曹绪峰. 南京陶吴生态观光苗圃规划设计[J]. 金陵科技学院学报,2009(02):71-74.

[24] 徐志刚. 组培微环境与规模化育苗设施环境调控的研究[D]. 南京农业大学,2002.

[25] 王宝海. 番茄穴盘育苗关键技术及规范性操作研究[D]. 南京农业大学,2005.

[26] 孙晓梅. 黄瓜穴盘育苗基质、穴孔及施肥技术的研究[D]. 浙江大学,2004.

[27] 杨慧玲. 黄瓜工厂化育苗基质筛选[D]. 河南农业大学,2002.

[28] 张华通. 迷迭香组织培养和扦插繁殖工厂化育苗技术研究[D]. 南京林业大学,2005.

[29] 刘明虎. 工厂化嫩枝扦插育苗设备与技术的研究[D]. 西北农林科技大学,2008.

[30] 孙珂. 全光照喷雾条件下沙棘嫩枝扦插快速繁殖育苗关键技术研究[D]. 内蒙古农业大学,2011.

[31] 项伟灿. 直插式蔬菜自动嫁接机的研究[D]. 浙江理工大学,2010.

[32] 龙涛. 双向式自动嫁接机的研究[D]. 中国农业大学,2005.

[33] 李丰. 空中压条技术的改进及在茶树上的应用研究[D]. 山东农业大学,2011.